프로 수학 강사의 비법 노트

중학수학 핵심 개념 58가지

고스기 다쿠야 지음

김치영 옮김

for
book

머리글
한 권으로 끝내는 중학수학 참고서의 결정판!

이 책을 선택해 주신 독자 여러분에게 감사의 마음을 전합니다.

이 책은 중학교에서 배우는 수학을 한 권으로 확실히 마스터할 수 있도록 구성되었습니다.

앞서 출간한 〈프로 수학 강사의 비법 노트 초등수학 6년〉은 많은 독자들이 선택해 주신 덕분으로 베스트셀러가 되었습니다. 수학을 가르치고 싶은 부모, 수학을 어려워하는 초등학생과 중학생 독자들이 선택해 주셨습니다.

독자 여러분의 성원에 힘입어 〈중학수학 핵심 개념 58가지〉를 출간하게 되었습니다.

이 책은 다음과 같은 독자들을 위해 만들어졌습니다.

① 중학수학을 선행 학습하려는 초등학교 고학년 학생

② 복습 및 예습을 하고 싶은 중학생 또는 특목고 진학을 준비하는 중학생

③ 중학생 자녀의 수학 공부 예습과 복습을 도와주려는 학부모

이 책은 위와 같은 독자들을 대상으로 중학교에서 배우는 수학의 기본 개념부터 이해할 수 있도록 구성되었습니다. 하지만 교과서의 내용을 그대로 해설하는 것만으로는 진정한 의미에서 수학 참고서라고 할 수 없습니다. 그래서 이 책은 학습 효과를 높여 주는 독창적인 7가지 장점을 적용해서 구성하였습니다.

[1] _ 각 단원에서 배울 핵심 개념의 요점을 '학습 포인트!'에 정리하였다.

[2] _ 각 단원마다 🔥 이것이 핵심 포인트! 를 수록하였다.

[3] _ 중학교에서 배우는 수학을 짧은 시간에 마스터할 수 있다.

[4] _ 중학수학의 핵심 개념 58가지를 엄선하여 최대한 자세히 해설하였다.

[5] _ 용어의 이해를 돕기 위해 '용어 색인'을 수록하였다.

[6] _ 학습 범위와 수준을 중학교 교과서에 맞추었다.

[7] _ 중학수학 3년 전 과정을 한 권으로 끝낼 수 있다.

🔥 이것이 핵심 포인트! 를 반복해서 학습하면 수학 공부의 재미를 느끼게 될 것입니다.

여러분! 즐기면서 이 책을 읽어 주세요.

중학수학의 핵심 개념을 확실히 잡는
이 책의 7가지 장점

---

1 '학습 포인트'에 각 단원의 핵심 개념을 정리!

모든 단원의 시작 부분에 핵심 개념으로 알아 두어야 할 〈학습 포인트!〉를 수록하였습니다. 각 단원마다 핵심 개념의 포인트를 배우고 나서 공부하면 내용을 빠르고 정확하게 이해할 수 있습니다.

2 각 단원마다 ⚡ 이것이 핵심 포인트! 를 수록!

중학교에서 배우는 수학은 '핵심 개념만 알면' 손쉽게 풀 수 있거나, 조금만 더 깊이 생각해 보면 실수를 줄일 수 있는 포인트가 있습니다.

그런데 교과서에는 '핵심 포인트'가 수록되어 있지 않습니다. 그래서 이 책에서는 저자의 15년 지도 경험을 바탕으로 학교에서 가르쳐 주지 않는 비법, 성적이 오르는 풀이법, 실수를 줄이는 방법 등 각 개념의 핵심 포인트를 수록하였습니다. 이것을 알아 두는 것만으로도 성적 향상에 도움이 될 것입니다.

3 중학교에서 배우는 수학을 짧은 시간에 마스터할 수 있다!

이 책의 제목에는 두 가지 의미가 있습니다.

첫 번째는 중학 수학을 최소한의 시간으로 최대한 이해할 수 있도록 중요한 핵심 개념만 엄선하여 수록했다는 점입니다.

두 번째는 특이한 풀이법이 아닌 중학교 교과서에 수록된 정통적인 풀이법에 따랐다는 점입니다.

4 학습 과정에 맞춰 엄선한 58가지 핵심 개념을 최대한 자세히 해설!

수학을 공부하면 논리적인 사고력을 키울 수 있습니다. 왜냐하면 수학에서는 'A이니까 B, B이니까 C, C이니까 D' 와 같이 순서대로 생각을 이끌어 내는 사고가 필요하기 때문입니다. 독자 여러분이 논리적으로 수학을 배울 수 있도록 도와 주기 위해 이 책은 처음부터 순서대로 읽는 것만으로도 정확히 이해할 수 있는 구성 방식으로 되어 있습니다. 또한 학습자가 이해하기 쉽도록 최대한 친절하게, 최대한 자세히 해설했습니다. 간단한 계산식에서도 중간 식을 생략하지 않고 모두 해설했습니다.

5 용어의 이해를 돕기 위해 '색인'을 수록!

수학을 공부할 때 용어의 의미를 정확하게 알아 두는 것은 매우 중요합니다. 수학 용어의 의미를 모르면 중간에 쉽게 포기해 버리는 상황이 오기 때문입니다. 그런 의미에서 이 책에 나오는 용어의 의미를 확실하게 알아 둘 필요가 있는 것입니다. 따라서 이 책에서는 이항, 인수분해 등의 용어 하나하나를 자세히 해설하였습니다. 그리고 모르는 용어가 나왔을 때 바로 찾아볼 수 있도록 처음 나오는 용어는 '색인'에 수록하였습니다. 이 책을 읽는 것만으로도 수학 용어를 설명할 수 있는 힘을 키울 수 있습니다.

6 범위와 수준은 중학교 교과서와 동일!

이 책에 수록된 58가지 핵심 개념에서 다루는 예제와 연습문제는 중학교 교과서 범위와 수준에 맞는 내용으로 구성되어 있습니다. 따라서 이 책으로 공부하면, 중학교 수학 3년 과정을 짧은 시간에 효과적으로 정리할 수 있습니다.

7 한 권으로 중학 1학년부터 3학년까지 모두 사용할 수 있다!

이 책에 수록된 58가지 개념에는 중학교에서 배우는 학년별(1학년, 2학년, 3학년) 과정이 표시되어 있습니다. 따라서 자기 학년에서 배우는 내용을 선택하여 중점적으로 공부할 수 있습니다.
초등학교 고학년 학생은 필요한 부분을 골라서 선행 학습을 할 수 있고, 수학 실력이 부족한 중학생이나 고등학생은 자신이 부족한 부분을 골라서 예습, 복습을 할 수 있습니다.
따라서 이 책은 학습자의 용도에 맞추어 공부할 수 있는 '효율적인 수학 참고서'라고 할 수 있습니다.

이 책을 활용하는 방법

1. 각 단원마다 학습
   할 범위를 표시

2. 각 단원에서 학습
   할 내용을 표시

3. 중학교 교과서에서
   배우는 내용을 학년
   별로 표시

4. 각 단원에서 학습할
   핵심 개념의 중요
   포인트를 표시

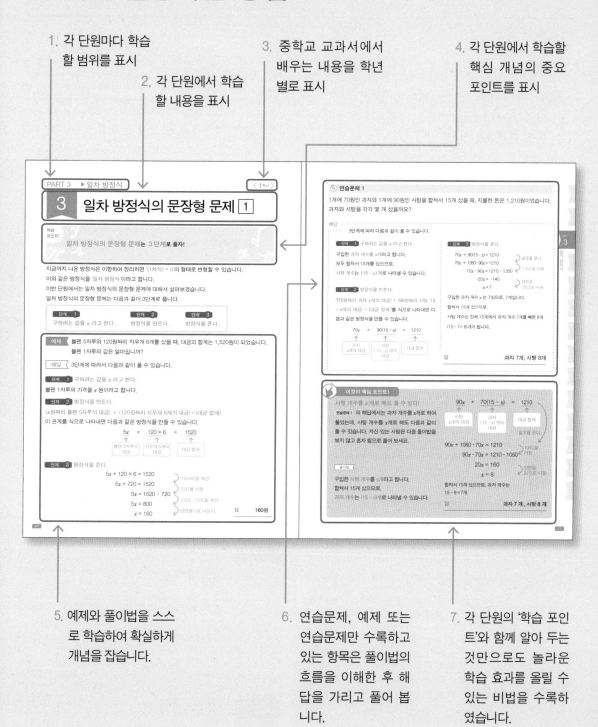

5. 예제와 풀이법을 스스
   로 학습하여 확실하게
   개념을 잡습니다.

6. 연습문제, 예제 또는
   연습문제만 수록하고
   있는 항목은 풀이법의
   흐름을 이해한 후 해
   답을 가리고 풀어 봅
   니다.

7. 각 단원의 '학습 포인
   트'와 함께 알아 두는
   것만으로도 놀라운
   학습 효과를 올릴 수
   있는 비법을 수록하
   였습니다.

차례

PART 1 정수와 유리수

PART 2 문자와 식

PART 3 일차 방정식

PART 4 비례와 반비례

PART 5 연립방정식

PART 6 일차 함수

PART 7 제곱근

01 양수와 음수, 절댓값

학습
포인트!
0보다 큰 수는 양수
0보다 작은 수는 음수

1 양수와 음수

예를 들면, 0보다 7 큰 수를 +7로 표시할 수 있습니다.
부호 + 는 '플러스'라고 읽고, '양의 부호'라고 합니다.
+7과 같이 0보다 큰 수를 '양수'라고 합니다.

예를 들면, 0보다 3 작은 수를 -3으로 표시할 수 있습니다.
부호 — 는 '마이너스'라고 읽고, '음의 부호'라고 합니다.
-3과 같이 0보다 작은 수를 '음수'라고 합니다.
양수와 음수를 합쳐서 '정수'라고 합니다.

> + 7 (0 보다 7 크다)→ 양수 ⎫ 정
> - 3 (0 보다 3 작다)→ 음수 ⎭ 수

정수에는 **양수**, 0, **음수**가 있습니다. **양수**를 '자연수'라고도 합니다.
0은 자연수가 아니라는 것에 주의하세요.

정수

··· , -3, -2, -1, 0, +1, +2, +3, ···

음의 정수   양의 정수(자연수)

2 수의 대소

양수, 0, **음수**를 수를 대응시킨 직선으로 나타내면 다음과 같이 됩니다.
직선상에서는 오른쪽에 있는 수일수록 크고, 왼쪽에 있는 수일수록 작습니다.

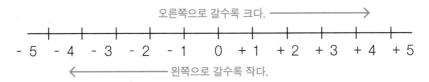

오른쪽으로 갈수록 크다. ⟶

- 5 - 4 - 3 - 2 - 1   0 + 1 + 2 + 3 + 4 + 5

⟵ 왼쪽으로 갈수록 작다.

수의 대소는 부등호를 사용하여 나타낼 수 있습니다.
부등호(〈 와 〉)는 수의 대소를 나타내는 기호입니다.
큰 수와 작은 수가 있을 때, 다음과 같이 나타냅니다. (부등호가 열려 있는 쪽이 큰 수)

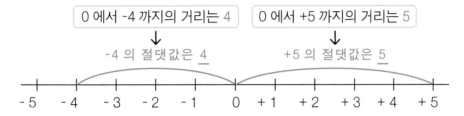

부등호 표시법		
큰 수 〉 작은 수	(예)	+4 〉 -3
작은 수 〈 큰 수	(예)	-3 〈 +4

3 절댓값이란?

수를 대응시킨 직선상에서 0부터 어떤 수까지의 거리를 그 수의 '절댓값'이라고 합니다.

예를 들면 +5의 절댓값은 5이고, -4의 절댓값은 4입니다.

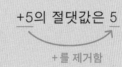

0 에서 -4 까지의 거리는 4	0 에서 +5 까지의 거리는 5

-4 의 절댓값은 4   +5 의 절댓값은 5

```
- 5   - 4   - 3   - 2   - 1    0   + 1   + 2   + 3   + 4   + 5
```

 이것이 핵심 포인트!

+ (플러스)와 - (마이너스)를 떼면 절댓값이 된다!

정수에서 부호(+ 또는 -)를 제거한 수가 그 수
의 절댓값이 됩니다.

+5의 절댓값은 5   -4의 절댓값은 4

+를 제거함   - 를 제거함

✋ 연습문제

오른쪽의 수직선에 대해서 다음을 계산하세요.

(1) 점 A와 점 B에 해당하는 수를 각각 답하세요.

(2) -2의 절댓값을 답하세요.

(3) -3과 -1의 대소 관계를 부등호를 사용하여 나
타내세요.

```
       B                   A
  +----●--+---+---+---+--●--+---+
 -3    -2  -1   0   +1  +2  +3
```

해답

(1) 점 A는 0에서 오른쪽으로 1.5인 곳에 있기 때문에 +1.5입니다.
점 B는 0에서 왼쪽으로 2.5인 곳에 있기 때문에 -2.5입니다.

답   A는 + 1.5 B는 - 2.5

(2) -2는 0으로부터의 거리가 2입니다. 그러므로 -2의 절댓값은 2입니다. ※ -2에서 마이너스 부호를 제거하면 절댓값 2가 됩니다.

답   2

(3) 수직선상에서 -3이 -1보다 더 왼쪽에 있으므로, -3은 -1보다 작습니다. 이를 부등호로 나타내면 ' -3〈-1 '이 됩니다.

답   - 3 〈 - 1

02 덧셈과 뺄셈

학습
포인트! 다음 세 가지 계산 방법을 알아 두자!
① 같은 부호끼리의 덧셈 ② 다른 부호끼리의 덧셈 ③ 뺄셈

1 같은 부호끼리의 덧셈

덧셈의 답을 합(合)이라고 합니다.
'양수 + 양수', '음수 + 음수'와 같이 같은 부호인 수의 덧셈에서는 절댓값의 합에 공통 부호를 붙이고 계산합니다. (부호는 + 와 - 를 말합니다.)

> **양수 + 양수**

[예] $(+8) + (+7) =$

풀이법 $(+8) + (+7) = +(8 + 7) =$ **+ 15**

공통의 부호   더하기

> **음수 + 음수**

[예] $(-3) + (-9) =$

풀이법 $(-3) + (-9) = -(3 + 9) =$ **-12**

공통의 부호   더하기

2 다른 부호끼리의 덧셈

'양수 + 음수', '음수 + 양수'와 같이 다른 부호인 수의 덧셈에서는 절댓값이 큰 수에서 작은 수를 빼고, 절댓값이 큰 수의 부호를 붙여서 계산합니다.

> **양수 + 음수**

[예] $(+2) + (-5) =$

풀이법 $(+2) + (-5) = -(5 - 2) =$ **- 3**

빼기
절댓값이 큰 쪽의 부호

> **음수 + 양수**

[예] $(-9) + (+4) =$

풀이법 $(-9) + (+4) = -(9 - 4) =$ **- 5**

빼기
절댓값이 큰 쪽의 부호

✎ 연습문제 1

다음을 계산하세요.

(1) $(+6) + (+5) =$ (2) $(-12) + (-9) =$ (3) $(+7) + (-4) =$ (4) $(-3) + (+14) =$

해답

(1) $(+ 6) + (+ 5) = + (6 + 5) = + 11$
공통의 부호   더하기

(2) $(- 12) + (- 9 = - (12 + 9) = - 21$
공통의 부호   더하기

(3) $(+ 7) + (- 4) = + (7 - 4) = + 3$
절댓값이 큰 수의 부호   빼기

(4) $(- 3) + (+ 14) = + (14 - 3) = + 11$
절댓값이 큰 수의 부호   빼기

3 정수의 뺄셈

뺄셈의 답을 차(差)라고 합니다.

정수의 뺄셈에서는 뺄 수의 부호를 바꾸어 덧셈으로 고쳐서 계산합니다.

[예] $(+ 3) - (+ 7) =$

풀이법
        $(+ 3) - (+ 7)$
덧셈으로 고침 ↓ ↓ 부호를 바꿈
        $= (+ 3) + (- 7) = - (7 - 3) = -4$

[예] $(-9) - (+ 1) =$

풀이법
        $(-9) - (+ 1)$
덧셈으로 고침 ↓ ↓ 부호를 바꿈
        $= (-9) + (- 1) = - (9 + 1) = -10$

🖐 연습문제 2

다음을 계산하세요 .

(1) $(+8) - (+5) =$ (2) $(-11) - (-18) =$ (3) $(+16) - (-1) =$ (4) $(-5) - (+3) =$

해답

(1) $(+8) - (+5)$
덧셈으로 고침 ↓ ↓ 부호를 바꿈
        $= (+8) + (-5) = + (8 - 5) = +3$

(2) $(-11) - (-18)$
덧셈으로 고침 ↓ ↓ 부호를 바꿈
        $= (-11) + (+18) = +(18 - 11) = +7$

(3) $(+16) - (-1)$
덧셈으로 고침 ↓ ↓ 부호를 바꿈
        $= (+16) + (+1) = +(16+1) = +17$

(4) $(-5) - (+3)$
덧셈으로 고침 ↓ ↓ 부호를 바꿈
        $= (-5) + (-3) = -(5+3) = -8$

 이것이 핵심 포인트!

' -7 - 3 '의 두 가지 풀이법

이 단원에서 예시한 계산에는 모든 수에 괄호가 있었습니다. 하지만 괄호가 없는 다음과 같은 문제도 자주 출제됩니다.

[예] $-7 - 3 =$

이 식에는 두 가지 풀이법이 있습니다

풀이법 1

3은 '+3'과 같습니다. 그래서 '-7에서 +3을 뺀다'고 생각합니다.

즉 오른쪽과 같이 계산합니다.

$- 7 - 3 = (- 7) - (+ 3)$ ← -7에서 +3을 뺀다.

3은 +3과 같다.

$= (- 7) + (- 3) = - (7 + 3) = -10$

풀이법 2

'-7 - 3'을 -7과 -3으로 분리한 후, '-7과 -3의 합을 구한다'고 생각합니다.

즉 다음과 같이 계산할 수 있습니다.

$- 7 - 3 = (- 7) + (- 3)$ ← -7과 -3으로 분리한 후, 더한다.

$= - (7 + 3) = -10$

☞ 두 가지 풀이법을 모두 알아 두세요.

03 곱셈과 나눗셈

같은 부호의 곱셈, 나눗셈 ⟶ 답이 **+**가 된다.
다른 부호의 곱셈, 나눗셈 ⟶ 답이 **-**가 된다.

1 정수의 곱셈

곱셈의 답을 '곱'이라고 합니다.
정수의 곱셈은 다음과 같이 계산합니다.

> **같은** 부호의 곱셈(양 × 양, 음 × 음) ⟶ 절댓값의 곱에 **+**를 붙인다.
> **다른** 부호의 곱셈(양 × 음, 음 × 양) ⟶ 절댓값의 곱에 **-**를 붙인다.

예제 1 다음을 계산하세요.

(1) $(+4) \times (+3) =$ (2) $(-5) \times (-7) =$ (3) $(+9) \times (-2) =$

해답

(1)과 (2)는 같은 부호의 곱셈이기 때문에 절댓값의 곱에 **+**를 붙입니다.
(3)은 다른 부호의 곱셈이기 때문에 절댓값의 곱에 **-**를 붙입니다.

(1) $(+4) \times (+3) = +(4 \times 3) = +12 = \mathbf{12}$
양   양
같은 부호   +를 붙임   + 는 붙이지
않아도 됨

(2) $(-5) \times (-7) = +(5 \times 7) = +35 = \mathbf{35}$
음   음
같은 부호   +를 붙임   + 는 붙이지
않아도 됨

(3) $(+9) \times (-2) = -(9 \times 2) = \mathbf{-18}$
양   음
다른 부호   - 를 붙임

이것이 핵심 포인트!

괄호가 필요할 때와 필요없을 때

예제 1 의 (1)에서 +4는 4와 같고, +3은 3과 같으므로 다음과 같이 변형할 수 있습니다.

+3은 3과 같음
$(+4) \times (+3) = 4 \times 3 = \mathbf{12}$
+4 는 4와 같음

예제 1 의 (2)와 같이 식 앞에 음수가 올 때, (-5)의 괄호를 제거할 수 있습니다. 하지만 예제 (2)에서 (-7)의 괄호는 제거할 수 없습니다. × - 와 같이 기호를 2개 이어서 쓸 수 없기 때문입니다.

괄호를 없애면 × — 가 되기 때문에 괄호를 제거할 수 없다.
$(-5) \times (-7) = -5 \times (-7) = \mathbf{35}$
괄호를 제거할 수 있다.

2 정수의 나눗셈

나눗셈의 답을 '몫'이라고 합니다. 정수의 나눗셈은 다음과 같이 계산합니다.

> 같은 부호의 나눗셈(양 ÷ 양, 음 ÷ 음) ⟶ 절댓값의 몫에 +를 붙인다.
> 다른 부호의 나눗셈(양 ÷ 음, 음 ÷ 양) ⟶ 절댓값의 몫에 - 를 붙인다.

예제 2 다음을 계산하세요.

(1) $(+16) \div (+2) =$ (2) $(-56) \div (-8) =$ (3) $(+24) \div (-12) =$ (4) $(-33) \div (+3) =$

해답

(1) $(+16) \div (+2) = +(16 \div 2) = + 8 = \mathbf{8}$
양   양
같은 부호   + 를 붙임   + 는 붙이지 않아도 됨

(2) $(-56) \div (-8) = + (56 \div 8) = +7 = \mathbf{7}$
음   음
같은 부호   + 를 붙임   + 는 붙이지 않아도 됨

(3) $(+24) \div (-12) = - (24 \div 12) = \mathbf{-2}$
음   음
다른 부호   - 를 붙임

(4) $(-33) \div (+3) = - (33 \div 3) = \mathbf{-11}$
음   양
다른 부호   - 를 붙임

3 정수의 곱셈과 나눗셈(소수와 분수)

소수와 분수도 똑같이 계산할 수 있습니다.

✍ 연습문제

다음을 계산하세요.

(1) $(-2.8) \times (+0.7) =$ (2) $\left(-\dfrac{15}{7}\right) \times \left(-\dfrac{28}{9}\right) =$

(3) $(-0.57) \div (-1.9) =$ (4) $\left(+\dfrac{5}{12}\right) \div (-2.5) =$

해답

(1) $(-2.8) \times (+0.7) = - (2.8 \times 0.7) = - 1.96$
음   양
다른 부호   - 를 붙임

(2) $\left(-\dfrac{15}{7}\right) \times \left(-\dfrac{28}{9}\right) = + \left(\dfrac{\overset{5}{\cancel{15}}}{\cancel{7}} \times \dfrac{\overset{4}{\cancel{28}}}{\cancel{9}}\right) = +\dfrac{20}{3} = \dfrac{20}{3}$
음   음
같은 부호   + 를 붙임

(3) $(-0.57) \div (-1.9) = + (0.57 \div 1.9) = +0.3 = 0.3$
음   음
같은 부호   + 를 붙임

※ 중학수학에서는 대분수를 사용하지 않으므로 가분수인 $\dfrac{20}{3}$ 이라고 답하세요.

(4) $\left(+\dfrac{5}{12}\right) \div (-2.5) = - \left(\dfrac{5}{12} \div \dfrac{\overset{5}{\cancel{25}}}{\cancel{10}}\right) = - \left(\dfrac{5}{\underset{6}{\cancel{12}}} \times \dfrac{\cancel{2}}{\underset{5}{\cancel{5}}}\right) = - \dfrac{1}{6}$
양   음
다른 부호   - 를 붙임

※ 소수와 분수가 섞여 있는 계산은 분수로 고쳐서 계산하세요.

04 곱셈과 나눗셈이 섞여 있는 식

> **학습 포인트 !**
> 곱셈과 나눗셈만 섞여 있는 식은 다음과 같이 성립됩니다.
> 음수가 $\begin{cases} \text{짝수 개 (2, 4, 6, \cdots)면 답은 } + \\ \text{홀수 개 (1, 3, 5, \cdots)면 답은 } - \end{cases}$

예제 다음을 계산하세요.

(1) $-2 \times 6 \times (-5) =$

(2) $-32 \div (-4) \div (-8) =$

(3) $5.8 \times (-0.8) \div (-2) =$

(4) $-\dfrac{19}{6} \div 3.8 \times \left(-\dfrac{8}{9}\right) \div (-10) =$

해답

(1)　$-2 \times 6 \times (-5) = +(2 \times 6 \times 5) = \mathbf{60}$
음수가 2 개 (짝수 개)　답은 +

(2)　$-32 \div (-4) \div (-8) = -(32 \div 4 \div 8) = \mathbf{-1}$
음수가 3 개 (홀수 개)　답은 -

(3)　$5.8 \times (-0.8) \div (-2) = +(5.8 \times 0.8 \div 2) = \mathbf{2.32}$
음수가 2 개 (짝수 개)　답은 +

(4)　$-\dfrac{19}{6} \div 3.8 \times \left(-\dfrac{8}{9}\right) \div (-10) = -\left(\dfrac{19}{6} \div \dfrac{\overset{19}{\cancel{38}}}{\underset{5}{\cancel{10}}} \times \dfrac{8}{9} \div \dfrac{10}{1}\right)$
음수가 3 개 (홀수 개)　답은 -

$= -\left(\dfrac{\cancel{19}}{\underset{3}{\cancel{6}}} \times \dfrac{\overset{1}{\cancel{5}}}{\cancel{19}} \times \dfrac{\overset{2}{\cancel{8}}}{9} \times \dfrac{1}{\cancel{10}}\right) = -\dfrac{2}{27}$

✋ 연습문제

다음을 계산하세요 .

(1)　$10 \times (-4) \times (-3) =$

(2)　$-1.4 \times 5 \div 0.28 =$

(3)　$-62 \times \left(-\dfrac{12}{35}\right) \div \left(-\dfrac{24}{49}\right) \div (-9.3) =$

(4)　$-5 \times 0 \div \dfrac{2}{3} \times (-8.1) =$

해답

(1) $10 \times (-4) \times (-3) = +(10 \times 4 \times 3) = 120$

음수가 2개
(짝수 개)

답은 +

(2) $-1.4 \times 5 \div 0.28 = -(1.4 \times 5 \div 0.28) = -25$

음수가 1개
(홀수 개)

답은 -

(3) $-62 \times \left(-\dfrac{12}{35}\right) \div \left(-\dfrac{24}{49}\right) \div (-9.3) = +\left(\dfrac{62}{1} \times \dfrac{12}{35} \div \dfrac{24}{49} \div \dfrac{93}{10}\right)$

음수가 4개
(짝수 개)

답은 +

$$= +\left(\dfrac{\overset{1}{\cancel{62}}}{1} \times \dfrac{\overset{1}{\cancel{12}}}{\underset{1}{\cancel{35}}} \times \dfrac{\overset{7}{\cancel{49}}}{\underset{1}{\cancel{24}}} \times \dfrac{\overset{2}{\cancel{10}}}{\underset{3}{\cancel{93}}}\right)$$

$$= \dfrac{14}{3}$$

(4) $-5 \times 0 \div \dfrac{2}{3} \times (-8.1) = 0$

'×0'이 있으므로
답은 0이 된다.

 이것이 핵심 포인트!

0을 포함한 곱셈과 나눗셈

[연습문제] (4)에서는 식에 '×0'이 포함되어 있기 때문에 답은 0이 되었습니다. 왜냐하면 0에 어떤 수를 곱해도 답은 0이 되기 때문입니다.

[예] $0 \times (-5) = 0$ $-2 \times 0 = 0$

한편 0을 어떤 수로 나누어도 답은 0이 됩니다. 또한 어떤 수도 0으로 나눌 수 없습니다.

[예] $0 \div (-3) = 0$

$-7 \div 0 \rightarrow$ 계산할 수 없음

재미있는
수학 이야기   **왜 모든 수는 0으로 나눌 수 없나요?**

모든 수를 0으로 나눌 수 없는 **이유는 뭘까요?**

우선 '0 이외의 수를 0으로 나눌 경우'에 대해 살펴봅시다. 예를 들어, '-7 ÷ 0'에 대해서 이 답을 □라고 하면 '-7 ÷ 0=□'가 됩니다. 그리고 이것을 곱셈으로 고치면 '0 × □ = -7'이 됩니다. 0에 어떤 수를 곱해도 0이 되므로 □에 들어갈 수는 없습니다. 그러면 0을 0으로 나누면 어떻게 될까요? '0 ÷ 0=□'를 곱셈으로 고치면 '0 × □=0'이 되고, □에는 어떤 수를 넣어도 성립됩니다. 따라서 답이 1개로 정해지지 않습니다. 0 이외의 수와 0을 각각 0으로 나눌 경우에 대해서 살펴보았는데, 이와 같은 이유 때문에 모든 수를 0으로 나눌 수 없는 것입니다.

05 거듭제곱

-3^2, $(-3)^2$, $-(-3)^2$ 의 차이를 구분하자!

1 거듭제곱이란?

같은 수를 여러 번 곱한 것을 그 수의 '거듭제곱'이라고 합니다.

예를 들면,

7×7은 7^2으로 나타냅니다. (읽는 방법은 7의 제곱)

$5 \times 5 \times 5$는 5^3으로 나타냅니다. (읽는 방법은 5의 세제곱)

제곱을 평방이라고 합니다. (예) $7^2 \rightarrow$ 7의 평방

세제곱을 입방이라고 합니다. (예) $5^3 \rightarrow$ 5의 입방

5^3의 오른쪽 위에 작게 쓴 수 3을 '지수'라고 하고,
곱한 수의 개수를 나타냅니다.

$$5 \times 5 \times 5 = 5^3 \leftarrow \text{지수}$$
5를 세 번 곱함

예제 1 다음 곱을 거듭제곱 지수를 사용하여 나타내세요.

(1) $8 \times 8 \times 8 \times 8 \times 8 =$　　(2) $(-2) \times (-2) \times (-2) =$　　(3) $9.5 \times 9.5 =$　　(4) $\dfrac{4}{5} \times \dfrac{4}{5} \times \dfrac{4}{5} =$

해답

(1) $8 \times 8 \times 8 \times 8 \times 8 = \mathbf{8^5}$　　(2) $(-2) \times (-2) \times (-2) = \mathbf{(-2)^3}$

(3) $9.5 \times 9.5 = \mathbf{9.5^2}$　　(4) $\dfrac{4}{5} \times \dfrac{4}{5} \times \dfrac{4}{5} = \left(\dfrac{4}{5}\right)^3$

이것이 핵심 포인트!

음수와 분수의 거듭제곱 표시법에 주의!

[예제 1] (2)에서는 답의 괄호를 제거하고 -2^3으로 하면 틀린 답이 됩니다.

-2^3이라고 하면 2를 세 번 곱한다는 뜻이 되기 때문입니다. $(-2)^3$과 같이 괄호에 넣으면 -2를 세 번 곱한다는 뜻이 됩니다.

$$-2^3 = -(2 \times 2 \times 2) \leftarrow \text{2만 세 번 곱함}$$

$$(-2)^3 = (-2) \times (-2) \times (-2) \leftarrow \text{-2 를 세 번 곱함}$$

[예제 1] (4)에서는 답의 괄호를 제거하고 $\dfrac{4^3}{5}$이라고 하면 틀린 답이 됩니다. 왜냐하면 $\dfrac{4^3}{5}$이라고 하면

분자의 4를 세 번 곱한다는 의미이기 때문입니다.

$\left(\dfrac{4}{5}\right)^3$과 같이 괄호에 넣으면 $\dfrac{4}{5}$를 세 번 곱한다는 의미가 됩니다.

$$\frac{4}{5}^3 = \frac{4 \times 4 \times 4}{5} \leftarrow \text{분자 4 를 세 번 곱함}$$

$$\left(\frac{4}{5}\right)^3 = \frac{4}{5} \times \frac{4}{5} \times \frac{4}{5} \leftarrow \frac{4}{5} \text{를 세 번 곱함}$$

이와 같이 음수와 분수의 거듭제곱은 괄호가 있느냐, 없느냐에 따라 의미가 달라지므로 주의해야 합니다.

2 거듭제곱의 계산

[예제 2] 다음을 계산하세요.

(1) $-3^2 =$ (2) $(-3)^2 =$ (3) $-(-3)^2 =$

[해답]

(1) $-3^2 = -(3 \times 3) = \mathbf{-9}$ -3^2은 3을 두 번 곱한다는 의미입니다.

(2) $(-3)^2 = (-3) \times (-3) = \mathbf{9}$ $(-3)^2$은 -3을 두 번 곱한다는 의미입니다.

(3) $-(-3)^2 = -\{(-3) \times (-3)\} = \mathbf{-9}$

연습문제

다음을 계산하세요.

(1) $-2^3 \times (-5) =$ (2) $(-6)^2 \times (-1^2) =$ (3) $9^2 \div (-3^3) =$

해답

※거듭제곱을 포함한 곱셈과 나눗셈에서는 거듭제곱을 먼저 계산한 후에 곱셈과 나눗셈을 계산하세요.

(1) $-2^3 \times (-5)$ 거듭제곱을
    ↓ $2 \times 2 \times 2$ 먼저 계산
$= -8 \times (-5)$ 한다.
$= 40 \leftarrow$ 음×음 = 양

(2) $(-6)^2 \times (-1^2)$ 거듭제곱을
    ↓ $(-6) \times (-6)$ ↓ 1×1 먼저 계산
$= 36 \times (-1)$ 한다.
$= -36 \leftarrow$ 양×음 = 음

(3) $9^2 \div (-3^3)$ 거듭제곱을
    ↓ 9×9 ↓ $3 \times 3 \times 3$ 먼저 계산
$= 81 \div (-27)$ 한다.
$= -3 \leftarrow$ 양÷음 = 음

06 사칙 혼합 계산

학습 포인트! 다음 순서대로 계산하자!
거듭제곱, 괄호 안 → 곱셈, 나눗셈 → 덧셈, 뺄셈

덧셈, 뺄셈, 곱셈, 나눗셈을 '사칙'이라고 합니다.
사칙 혼합 계산에서는 위의 학습 포인트! 의 순서대로 계산하세요.

예제 다음을 계산하세요.

(1) $-8 + 4 \times (-3) =$ (2) $12 \div (-6 + 9) =$ (3) $5 + (24 - 3^3) \times 6 =$

해답

(1)
$$-8 + 4 \times (-3)$$
$$= -8 + (-12)$$ 먼저 곱셈
$$= -20$$ 덧셈

(2)
$$12 \div (-6 + 9)$$
$$= 12 \div 3$$ 먼저 괄호 안
$$= 4$$ 나눗셈

(3)
$$5 + (24 - 3^3) \times 6$$
$$= 5 + (24 - 27) \times 6$$ 거듭제곱 $3^3 = 3 \times 3 \times 3 = 27$
$$= 5 + (-3) \times 6$$ 괄호 안 $24 - 27 = -3$
$$= 5 + (-18)$$ 곱셈 $(-3) \times 6 = -18$
$$= -13$$ 덧셈

이것이 핵심 포인트!

계산 순서에 주의하자!

사칙 혼합 계산에서는 왼쪽부터 순서대로 계산하면 틀릴 수 있습니다. 예를 들어, [예제] (1)의 계산을 왼쪽부터 순서대로 계산하면 오른쪽과 같이 틀린 답을 구하게 됩니다.

$$-8 + 4 \times (-3)$$
$$= -4 \times (-3) = 12$$ ← 왼쪽부터 순서대로 계산하면 틀림!

사칙 혼합 계산에서는 거듭제곱, 괄호 안 → 곱셈, 나눗셈 → 덧셈, 뺄셈 순서대로 계산하세요.

연습문제

다음을 계산하세요 .

(1) -6 × 5 - 30 ÷ (-10) =

(2) (-11 + 15) × (5 - 7) =

(3) -50 ÷ {-35 ÷ (11 - 18)} =

(4) -2^5 - 1.5 × $(-4^2 + 6)$ =

해답

(1) -6 × 5 - 30 ÷ (-10)

곱셈과 나눗셈을
먼저 계산

= -30 - (-3)

= -30 + 3

덧셈

= -27

(2) (-11 + 15) × (5 - 7)

괄호 안을
먼저 계산

= 4 × (-2)

곱셈

= -8

(3) 중괄호 { }가 있는 계산에서는

소괄호 ( ) 안을 먼저 계산한 후에

중괄호 { } 안을 계산하세요.

-50 ÷ {-35 ÷ (11 - 18)}

( ) 안을 계산

= -50 ÷ {-35 ÷ (-7) }

{ } 안을 계산

= -50 ÷ 5

나눗셈

= -10

(4) -2^5 - 1.5×$(-4^2 + 6)$

2×2×
2×2×2   4×4   거듭제곱을 계산

= -32 - 1.5 × (-16 + 6)

괄호 안을 계산

= -32 - 1.5 × (-10)

곱셈

= -32 + 15

덧셈

= -17

07 문자식을 나타내는 법

학습
포인트!

문자식의 곱과 몫을 나타내는 규칙을 알자!

1 곱의 표시법

문자를 포함하는 식을 '문자식'이라고 합니다.

문자식을 사용하여 곱(곱셈의 답)을 나타낼 때는 다음과 같은 5가지 규칙이 있습니다.

[규칙 1]

문자의 혼합 곱셈에서는 기호 × 를 생략한다.

$$x \times y = xy \qquad \text{× 를 생략}$$

[규칙 2]

문자끼리의 곱은 알파벳 순으로 나열하는 경우가 많다.

$$c \times b \times a = abc$$

↑
알파벳 순

[규칙 3]

숫자와 문자의 곱에서는 '숫자 + 문자' 순으로 적는다.

$$a \times 8 = 8a$$

↑
숫자 + 문자 순 ($a8$은 틀림)

[규칙 4]

같은 문자의 곱은 거듭제곱 지수를 사용하여 나타낸다.

y 를 3개 곱한다.

$$a \times a \times 3 = 3a^2 \qquad x \times x \times x \times y \times y \times y = x^2 y^3$$

a 를 2개 곱한다. x 를 2개 곱한다.

[규칙 5]

1과 문자의 곱은 1을 생략한다. -1과 문자의 곱은 - 만 쓰고 1을 생략한다.

$$1 \times a = \underline{a} \qquad \text{1을 생략(1a는 틀림)}$$

$$-1 \times x = \underline{-x} \qquad \text{1을 생략(-1x는 틀림)}$$

 이것이 핵심 포인트!

0.1과 0.01의 1은 생략하지 않는다!

[규칙 5]는 '1과 문자의 곱은 1을 생략한다. -1과 문자의 곱은 - 만 쓰고 1을 생략한다'는 규칙이었습니다. 하지만 01과 0.01의 1은 생략하지 않는다는 것에 주의하세요.

$$0.1 \times a = \underline{0.1a}$$

↑
0.1의 1은 생략하지 않음 (0.a는 틀림)

$$0.01 \times y = \underline{0.01y}$$

↑
0.01의 1은 생략하지 않음 (0.0y는 틀림)

예제 1 다음 식을 문자식의 규칙에 따라 나타내세요.

(1) $c \times a \times 2 \times b =$

(2) $1 \times y \times x =$

(3) $b \times 0.1 \times b =$

(4) $x \times y \times x \times (-1) =$

(5) $-0.01 \times b \times a \times a \times b =$

해답

(1) $c \times a \times 2 \times b = \mathbf{2abc}$

숫자 + 문자(알파벳 순서)

(2) $1 \times y \times x = \mathbf{xy}$

1은 생략($1xy$는 틀림)

(3) $b \times 0.1 \times b = \mathbf{0.1b^2}$

0.1의 1은 생략하지 않음($0.b^2$은 틀림)

(4) $x \times y \times x \times (-1) = \mathbf{-x^2y}$

1은 생략($-1x^2y$는 틀림)

(5) $-0.01 \times b \times a \times a \times b = \mathbf{-0.01a^2b^2}$

0.01의 1은 생략하지 않음($-0.0a^2b^2$은 틀림)

2 몫을 나타내는 법

문자식을 사용하여 몫(나눗셈의 답)을 나타낼 때는 기호 ÷ 를 사용하지 않고
분수 형태로 쓰도록 하세요. 오른쪽 공식을 이용합니다.

$$\square \div \bigcirc = \frac{\square}{\bigcirc}$$

예제 2 다음 식을 문자식의 규칙에 따라 나타내세요.

(1) $a \div 5 =$

(2) $4x \div 7 =$

(3) $-5b \div 2 =$

(4) $3y \div (-4) =$

해답

(1) $a \div 5 = \dfrac{a}{5}$ ← $\square \div \bigcirc = \frac{\square}{\bigcirc}$ 를 이용

(2) $4x \div 7 = \dfrac{4x}{7}$ (또는 $\dfrac{4}{7}x$)

(3) $-5b \div 2 = \dfrac{-5b}{2} = -\dfrac{5b}{2}$ (또는 $-\dfrac{5}{2}b$)

- 를 분수 앞으로 꺼낸다.

(4) $3y \div (-4) = \dfrac{3y}{-4} = -\dfrac{3y}{4}$ (또는 $-\dfrac{3}{4}y$)

- 를 분수 앞으로 꺼낸다.

※ (3), (4)와 같은 $\dfrac{-\square}{\bigcirc}$ 와 $\dfrac{\square}{-\bigcirc}$ 의 형태는 - 를 분수 앞으로 꺼내고, $-\dfrac{\square}{\bigcirc}$ 의 형태로 고친 다음 답하세요.

예제 의 풀이법을 이해했다면 해답을 가리고 혼자 힘으로 풀어보세요.

08 단항식, 다항식, 차수

학습
포인트!
단항식의 차수와 **다항식의 차수**의 차이점을 알아 두자!

1 단항식과 다항식

$3a$, $-5x^2$ 과 같이 수와 문자의 곱셈만으로 이루어진 식을 '단항식'이라고 합니다.
y나 -2와 같이 하나의 문자와 수도 단항식에 포함됩니다.
$3a$의 3, $-5x^2$의 -5와 같이 문자를 포함한 단항식의 수 부분을 '계수'라고 합니다.

한편 '$3a + 4b + 8$'과 같이 단항식의 합의 형태로 나타
내는 식을 '다항식'이라고 합니다.
다항식에서 +로 연결된 하나하나의 단항식을 다항식의
'항'이라고 합니다.

단항식의 예 → $3a$ $-5x^2$, y, -2
　　　　　　　↑　　↑
　　　　　　3은 계수　-5는 계수

다항식의 예 → $3a+4b+8$
　　　　　　　↑　↑　↑
　　　　　　　항　항　항

예제 1 다음 다항식의 항과 계수를 답하세요.

(1) $3x + 5$　　　　(2) $-2a - b + 1$　　　　(3) $x^2y + 5y$

해답

(1) $3x + 5$
　　↑　↑
　　항　항
　　　　　　항은 **3x, 5**
　　　　　답　**x의 계수는 3**

(3) $x^2y + 5y$
　　↑　　↑
　　항　　항
　　　　　　항은 x^2y, $5y$
　　　　　　x^2y의 계수는 1
　　　　　답　y의 계수는 5

(2) $-2a-b+1 = -2a + (-b) + 1$
　　　　　　　　↑　　↑　　↑
　　　　　　　　항　　항　　항
　　　　단항식의 합의 형태로 생각한다.

　　　　　항은 **-2a, -b, 1**
　　답　**a의 계수는 -2, b의 계수는 -1**

22

2 단항식의 차수

단항식에서는 **문자가 곱해진 개수를 그 식의 '차수'**라고 합니다.

예를 들면, 단항식 $3ab$는 a와 b 2개의 문자가 곱해져 있으므로 차수는 2입니다.

다항식 $5x^2y$는 x 2개와 y 1개, 모두 3개의 문자가 곱해져 있으므로 차수는 3입니다.

$$3ab = 3 \times \underset{\uparrow}{a} \times \underset{\uparrow}{b}$$
문자가 2개 → 차수는 2

$$5x^2y = 5 \times \underset{\uparrow}{x} \times \underset{\uparrow}{x} \times \underset{\uparrow}{y}$$
문자가 3개 → 차수는 3

3 다항식의 차수

다항식에서는 **각 항의 차수 중에서 가장 큰 것을 그 식의 '차수'**라고 합니다.

차수가 1인 식을 1차식, **차수가 2인 식을** 2차식, **차수가 3인 식을** 3차식 … 이라고 합니다.

예를 들어, 다항식 ' $x^2 - 5x + 6y$ '가 몇 차식인지 알아보겠습니다. 이 다항식의 항 중에서 항의 차수가 가장 큰 것은 x^2의 2입니다. 따라서 이 다항식은 2차식이라는 것을 알 수 있습니다.

$$x^2 - 5x + 6y = \underset{\uparrow}{x^2} + \underset{\uparrow}{(-5x)} + \underset{\uparrow}{6y}$$
차수 2 　 차수 1 　 차수 1
가장 크므로 → 2차식

예제 2 다음 다항식이 몇 차식인지 답하세요.

(1) $-2a + b$ 　　　　 (2) $x^2y + 3xy^2 - 7y^2$ 　　　　 (3) $a^3b^2 - b^4$

해답

(1) $\underset{\uparrow}{-2a} + \underset{\uparrow}{b}$ 　 답 　 1차식
차수 1 　 차수 1
모두 차수가 1이므로 1차식

(2) $x^2y + 3xy^2 - 7y^2 = \underset{\uparrow}{x^2y} + \underset{\uparrow}{3xy^2} + \underset{\uparrow}{(-7y^2)}$ 　 답 　 3차식
차수 3 　 차수 3 　 차수 2
가장 크므로 → 3차식

(3) $a^3b^2 - b^4 = \underset{\uparrow}{a^3b^2} + \underset{\uparrow}{(-b^4)}$ 　 답 　 5차식
차수 5 　 차수 4
가장 크므로 → 5차식

이것이 핵심 포인트!

단항식 차수**와** 다항식 차수**의 차이점은?**
단항식에서는 **곱해진 문자의 개수를 그 식의 차수**라고 합니다.
다항식에서는 **각 항의 차수 중에서 가장 큰 수를 그 식의 차수**라고 합니다.
이러한 차이점을 꼭 알아 두세요.

단항식의 예 → $2xy^2 = 2 \times \underset{\uparrow}{x} \times \underset{\uparrow}{y} \times \underset{\uparrow}{y}$
문자가 3개 → 차수는 3

다항식의 예 → $\underset{\uparrow}{3x^2} + \underset{\uparrow}{2y} + 1$
차수 2 　 차수 1
가장 크다 → 2차식

09 다항식의 덧셈과 뺄셈

_{학습}
_{포인트!} 다항식의 뺄셈은
괄호를 제거할 때 실수하기 쉬우므로 주의하자!

1 동류항을 정리한다

다항식에서 문자 부분이 같은 항을 '동류항'이라고 합니다. 예를 들면, $3x$와 $4x$는 문자 x 부분이 같으므로 동류항입니다.

동류항은 다음 공식을 이용하여 1개 항으로 정리할 수 있습니다.

> **동류항을 정리하는 공식**
>
> $\bigcirc x + \square x = (\bigcirc + \square)x$ $\bigcirc x - \square x = (\bigcirc - \square)x$
>
> [예] $3x + 4x = (3+4)x = \underline{7x}$ [예] $2x - 5x = (2-5)x = \underline{-3x}$

🖐 연습문제 1

다음을 계산하세요.

(1) $6x + 5x =$

(2) $-2a - a =$

(3) $8a - b + 15a + 2b =$

(4) $-x^2 - 9 - 4x - 7x^2 + 10x - 7 =$

해답

(1)
$$6x + 5x$$
$$= (6 + 5)x$$
$$= \underline{11x}$$

$\bigcirc x + \square x = (\bigcirc + \square)x$를 이용

(2)
$$-2a - a$$
$$= (-2 - 1)a$$
$$= \underline{-3a}$$

$\bigcirc x - \square x = (\bigcirc - \square)a$를 이용 $(-a$의 계수는 $-1)$

(3)
$$8a - b + 15a + 2b$$
$$= 8a + 15a - b + 2b$$
$$= (8 + 15)a + (-1 + 2)b$$
$$= \underline{23a + b}$$

a의 동류항과 b의 동류항으로 나눔

동류항을 정리한다.

(4)
$$-x^2 - 9 - 4x - 7x^2 + 10x - 7$$
$$= -x^2 - 7x^2 - 4x + 10x - 9 - 7$$
$$= (-1 - 7)x^2 + (-4 + 10)x - 16$$
$$= \underline{-8x^2 + 6x - 16} \leftarrow$$

동류항을 나눈다.

동류항을 정리한다.

$-8x^2$과 $6x$는 차수가 다르므로 하나의 항으로 정리할 수 없다.

2 다항식의 덧셈과 뺄셈

다항식의 덧셈은 괄호를 그대로 제거하고 동류항을 정리합니다.

[예] ① $(2x + 3y) + (5x - 7y)$ 괄호를 그대로 제거한다.

$= 2x + 3y + 5x - 7y$ 동류항을 정리한다.

$= (2 + 5)x + (3 - 7)y$

$= 7x - 4y$

다항식의 뺄셈은 다음 2단계로 계산합니다.
① - (마이너스) 다음 괄호 속 각 항의 부호(+ 와 -)를 바꾸고 괄호를 제거한다.
② 동류항을 정리한다.

- 의 다음 괄호

② $(6x - 5y) - (4x + 3y)$

주의!
괄호를 제거하면 부호가 바뀐다.

$= 6x - 5y - 4x - 3y$ 동류항을 정리한다.

$= (6 - 4)x + (-5 - 3)y$

$= 2x - 8y$

이것이 핵심 포인트!

다항식의 뺄셈에서는 부주의한 실수에 주의하자!

다항식의 덧셈은 괄호를 제거하고 동류항을 정리만 하면 되므로 간단합니다.

한편, 다항식의 뺄셈은 - 다음 괄호 속 각 항의 부호(+ 와 -)를 바꾸어 괄호를 제거할 필요가 있습니다. 부호를 바꾸지 않고 계산해 버리는 실수를 범하기 쉬우므로 주의하세요.

잘못된 풀이법

$(6x - 5y) - (4x + 3y) \rightarrow 6x - 5y - 4x + 3y$

부호를 바꾸지 않은 것은 틀림!

올바른 풀이법

$(6x - 5y) - (4x + 3y) = 6x - 5y - 4x - 3y$

부호를 바꾸는 것이 맞음!

연습문제 2

다음을 계산하세요.

(1) $(-x - 2y) + (15x + 5y) =$

(2) $(7a + 3b) - (a - 5b) =$

해답

(1) $(-x - 2y) + (15x + 5y)$ 괄호를 제거한다.

$= -x - 2y + 15x + 5y$ 동류항을 정리한다.

$= (-1 + 15)x + (-2 + 5)y$

$= 14x + 3y$

(2) $(7a + 3b) - (a - 5b)$ 괄호를 제거하면 부호가 바뀐다.

$= 7a + 3b - a + 5b$ 동류항을 정리한다.

$= (7 - 1)a + (3 + 5)b$

$= 6a + 8b$

10 단항식의 곱셈과 나눗셈

학습
포인트!

$\frac{5}{4}x$의 역수는 $\frac{4}{5}x$ 가 아니고 $\frac{4}{5x}$ 라는 것을 알아 두자!

1 단항식 × 수, 단항식 ÷ 수

'단항식 × 수'는 단항식을 곱셈으로 분해하고, 수끼리 곱해서 **구하세요.**

[예] ① $2x \times 3$ }단항식을 곱셈으로 분해
$= 2 \times x \times 3$ }다시 나열한다.
$= 2 \times 3 \times x$
$= \underset{\sim}{6x}$

② $-6a \times \left(-\frac{5}{3}\right)$ }단항식을 곱셈으로 분해
$= -6 \times a \times \left(-\frac{5}{3}\right)$ }다시 나열하여 약분한다.
$= -\overset{2}{6} \times \left(-\frac{5}{3}\right) \times a$
$= \underset{\sim}{10a}$

'단항식 ÷ 수'는 나눗셈을 곱셈으로 고치고 **구하세요.**

[예] ③ $9a \div (-3)$ }나눗셈을 곱셈으로 고친다.
$= 9a \times \left(-\frac{1}{3}\right)$ }다시 나열하여 약분한다.
$= \overset{3}{9} \times \left(-\frac{1}{3}\right) \times a$
$= \underset{\sim}{-3a}$

✍ 연습문제

다음을 계산하세요 .

(1) $3a \times 8 =$

(2) $-5x \times (-8) =$

(3) $\frac{1}{3}n \times (-9) =$

(4) $21x \div 3 =$

해답

(1) $3a \times 8$ }$3a$를 '$3 \times a$'로 분해하여 다시 나열한다.
$= 3 \times 8 \times a$
$= \underline{24a}$

(2) $-5x \times (-8)$ }$-5x$를 '$-5 \times x$'로 분해하여 다시 나열한다.
$= -5 \times (-8) \times x$
$= \underline{40x}$

(3) $\frac{1}{3}n \times (-9)$ }다시 나열하여 약분한다.
$= \frac{1}{\overset{}{3}} \times \overset{3}{(-9)} \times n$
$= \underline{-3n}$

(4) $21x \div 3$ }나눗셈을 곱셈으로 고친다.
$= 21x \times \frac{1}{3}$ }다시 나열하여 약분한다.
$= \overset{7}{21} \times \frac{1}{\underset{1}{3}} \times x$
$= \underline{7x}$

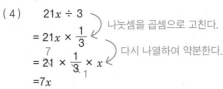

2 단항식 × 단항식, 단항식 ÷ 단항식

'단항식 × 단항식'에서는 단항식을 곱셈으로 분해하고, 수끼리 문자끼리 곱해서 **구하세요.**

[예] ① $3x \times 7y$

$= 3 \times x \times 7 \times y$ 곱셈으로 분해

                     다시 나열한다.

$= 3 \times 7 \times x \times y$

                     수끼리,

$= \mathbf{21xy}$ 문자끼리 곱한다.

② $-5a \times 6a^2$

$= -5 \times a \times 6 \times a \times a$ 곱셈으로 분해

                       다시 나열한다.

$= -5 \times 6 \times a \times a \times a$

                       수끼리,

$= -\mathbf{30a^3}$ 문자끼리 곱한다.

③ $(-3y)^2$

$= (-3y) \times (-3y)$ 곱셈으로 분해

                       다시 나열한다.

$= (-3) \times (-3) \times y \times y$

                       수끼리, 문자끼리 곱한다.

$= \mathbf{9y^2}$

'단항식 ÷ 단항식'은 수끼리, 문자끼리 약분할 수 있을 때는 약분하고 **구하세요.**

[예] ④ $10ab \div (-2b)$

$= -\dfrac{10ab}{2b}$ $\square \div \bigcirc = \dfrac{\square}{\bigcirc}$ 공식을 이용

$= -\dfrac{\overset{5}{\cancel{10}} \times a \times \overset{1}{\cancel{b}}}{\underset{1}{\cancel{2}} \times \underset{1}{\cancel{b}}}$ 곱셈으로 분해하여 수끼리, 문자끼리 약분한다.

$= \mathbf{-5a}$

⑤ $\dfrac{3}{8}xy \div \dfrac{5}{4}x$

$= \dfrac{3xy}{8} \div \dfrac{5x}{4}$ 문자를 분자로 옮긴다.

$= \dfrac{3xy}{8} \times \dfrac{4}{5x}$ 나눗셈을 곱셈으로 고친다.

$= \dfrac{3 \times x \times y \times \overset{1}{\cancel{4}}}{\underset{2}{\cancel{8}} \times 5 \times \underset{1}{\cancel{x}}}$ 곱셈으로 약분하고, 수끼리, 문자끼리 약분한다.

$= \dfrac{3}{10}y \left(\text{또는 } \dfrac{3y}{10} \right)$

※ 풀이법을 이해했다면, 위 ① ~⑤의 도중식을 가리고 혼자 힘으로 풀어 보세요.

🐦 이것이 핵심 포인트!

$\dfrac{5}{4}x$의 역수는 $\dfrac{4}{5}x$?   아니면 $\dfrac{4}{5x}$?

역수는 분모와 분자의 위치를 바꾼 수를 말합니다.

(아래 ※ 참조)

위의 [예] ⑤에서 $\dfrac{5}{4}x$의 역수는 $\dfrac{4}{5}x$가 아닙니다.

$\dfrac{5}{4}x$의 역수는 $\dfrac{4}{5}x$라고 답하는 실수를 범하기 쉬우므로 주의하세요.

$\dfrac{5}{4}x = \dfrac{5x}{4}$ 이므로, $\dfrac{5}{4}x$의 역수는 $\dfrac{4}{5x}$ 입니다.

$$\boxed{\dfrac{5}{4}x \text{ 의 역수}} \longrightarrow \dfrac{4}{5}x \text{ 라고 하면 틀림}$$

$$\downarrow$$

$$\dfrac{5}{4}x = \dfrac{5x}{4} \text{ 이므로 역수는 } \dfrac{4}{5x} \text{ 가 맞음}$$

※ 두 수의 곱이 1이 될 때, 한쪽의 수를 다른 한쪽 수의 역수라고 합니다. 이것이 역수의 올바른 의미입니다.

11 다항식과 수의 곱셈과 나눗셈

학습
포인트!

'다항식 × 수', '다항식 ÷ 수'는 분배 법칙을 사용하여 계산하자!

1 다항식과 수의 곱셈과 나눗셈

다항식과 수의 곱셈은 분배 법칙을 사용해서 계산
하세요.
분배 법칙은 오른쪽과 같은 원리입니다.

b, c에 a를 곱한다.　　　　　b, c에 a를 곱한다.

$$a(b + c) = ab + ac \qquad (b + c) \times a = b + ac$$

[예 1]　① 3을 곱한다.

$$3(2x + 5y) = 3 \times 2x + 3 \times 5y$$
$$= 6x + 15y$$

② -2를 곱한다.

$$(4a - 7b) \times (-2) = 4a \times (-2) + (-7b) \times (-2)$$
$$= -8a + 14b$$

다항식과 수의 나눗셈은 오른쪽 [예 2]와
같이 나눗셈을 곱셈으로 고친 후 분배 법
칙을 사용해서 계산하세요.

[예 2]
$$(15x + 20) \div 5$$
나눗셈을 곱셈으로
고친다.
$$= (15x + 20) \times \frac{1}{5}$$
분배 법칙을 사용
$$= 15x \times \frac{1}{5} + 20 \times \frac{1}{5}$$
$$= 3x + 4$$

✋ 연습문제

다음을 계산하세요.

(1)　$-5(2x - 3) =$　　　　　(2)　$(-3a^2 - 6a - 15) \times \left(-\frac{2}{3}\right) =$　　　　　(3)　$(-x + 2y) \div \frac{1}{6} =$

해답

(1)　-5를 곱한다.
$-5(2x - 3)$

$= -5 \times 2x + (-5) \times (-3)$

$= -10x + 15$

(2)　$-\frac{2}{3}$를 곱한다.
$(-3a^2 - 6a - 15) \times \left(-\frac{2}{3}\right)$

$= -3a^2 \times \left(-\frac{2}{3}\right) + (-6a) \times \left(-\frac{2}{3}\right)$

$+ (-15) \times \left(-\frac{2}{3}\right)$

$= 2a^2 + 4a + 10$

(3)　$(-x + 2y) \div \frac{1}{6}$
나눗셈을
곱셈으로
고친다.

$= (-x + 2y) \times 6$
분배 법칙을
사용

$= -x \times 6 + 2y \times 6$

$= -6x + 12y$

2 다항식과 수의 곱셈의 응용

예제 ▶ 다음을 계산하세요.

(1) $2(a - 7) + 4(2a + 1) =$　　(2) $6(2x + y) - 3(2x - 9y) =$　　(3) $\dfrac{3a - 1}{2} - \dfrac{a + 2}{3} =$

해답 ▶

2를 곱한다.　　　4를 곱한다.

(1)　$2(a - 7) + 4(2a + 1)$

　　$= 2a - 14 + 8a + 4$　　← 동류항을 정리한다.

　　$= (2 + 8)a - 14 + 4$

　　$= \mathbf{10a - 10}$

6을 곱한다.　　　-3을 곱한다.

(2)　$6(2x + y) - 3(2x - 9y)$

　　$(-3) \times (-9)$
　　$= +27$이므로
　　부호가 바뀐다.

　　$= 12x + 6y - 6x + 27y$

　　$= (12 - 6)x + (6 + 27)y$

　　$= \mathbf{6x + 33y}$

(3)　[1식]　$\dfrac{3a - 1}{2} - \dfrac{a + 2}{3}$　← 통분한다.

　　[2식]　$= \dfrac{3(3a - 1) - 2(a + 2)}{6}$

　　부호가 바뀐다.　　분배 법칙을 사용

　　[3식]　$= \dfrac{9a - 3 - 2a - 4}{6}$

　　　　$= \dfrac{\mathbf{7a - 7}}{\mathbf{6}}$　← 동류항을 정리한다.

예제 의 풀이법을 이해했다면 해답을 가리고 혼자 힘으로 풀어 보세요.

이것이 핵심 포인트!

익숙해질 때까지 도중식을 생략하지 않기!

위의 [예제] (3)과 같이 통분이 필요한 문제에서
실수하는 학생이 많으므로 주의하세요.
[2식]을 생략하고 [1식]에서 [3식]을 바로 도출하
려고 하다가 오른쪽과 같이 틀리는 경우가 많습
니다.
익숙해질 때까지 [2식]을 생략하지 말고 도중식을
써서 풀도록 하세요.

[실수의 예]

$$\dfrac{3a - 1}{2} - \dfrac{a + 2}{3}$$
$$= \dfrac{9a - 3 - 2a + 4}{6}$$

실제로는 부호가 바뀌어 마이너스가
되어야 하므로 틀린 답입니다.

12 대입이란?

식을 간단하게 만든 후, 수를 대입하자!

식 안의 문자를 수로 바꾸어 넣는 것을 '대입'이라고 합니다.

대입하여 계산한 결과를 '식의 값'이라고 합니다.

예제 1 $x = -5$일 때, 다음 식의 값을 구하세요.

(1) $2x + 7$ (2) $3 - 5x$ (3) x^2 (4) $\dfrac{15}{x}$

해답

x에 -5를 대입
(바꾸어 넣음)

(1) $2x + 7$

$= 2 \times (-5) + 7$

$= -10 + 7 = \mathbf{-3}$

식의 값(대입하여
계산한 결과)

x에 -5를
대입한다.

(2) $3 - 5x$

$= 3 - 5 \times (-5)$

$= 3 + 25 = \mathbf{28}$

(3) x^2 x에 -5를
대입한다.

$= (-5)^2$

$= (-5) \times (-5) = \mathbf{25}$

(4) $\dfrac{15}{x}$ x에 -5를
대입한다.

$= \dfrac{15}{-5}$

$= \mathbf{-3}$

예제 2 $a = -2$, $b = 3$일 때, 다음 식의 값을 구하세요.

(1) $-6a - 2b$ (2) $3ab^2$ (3) $9(a + 2b) - 7(2a + 3b)$

해답

$a = -2$, $b = 3$을 대입

(1) $-6a - 2b$

$= -6 \times (-2) - 2 \times 3$

$= 12 - 6 = \mathbf{6}$

$a = -2$, $b = 3$을 대입

(2) $3ab^2$

$= 3 \times (-2) \times 3^2$ $3^2 = 9$

$= 3 \times (-2) \times 9$

$= \mathbf{-54}$

(3) 식을 간단하게 만든 후
대입합니다.

$9(a + 2b) - 7(2a + 3b)$

분배 법칙을
사용

$= 9a + 18b - 14a - 21b$

$= -5a - 3b$ 동류항을
정리한다.

$a = -2$, $b = 3$을
대입

$= -5 \times (-2) - 3 \times 3$

$= 10 - 9 = \mathbf{1}$

이것이 핵심 포인트!

식을 간단하게 만든 후, 수를 대입하자!

예제 2 (3)과 같은 문제는 식을 간단하게 한 다음에 수를 대입해야 합니다.

처음 식에 직접 대입해도 풀 수 있지만, 그렇게 하면 오른쪽과 같이 복잡한 계산이 되어 실수할 확률이 높아집니다.

$a = -2$, $b = 3$을 직접 대입

$$9(a + 2b) - 7(2a + 3b)$$
$$= 9 \times (-2 + 2 \times 3) - 7 \times \{2 \times (-2) + 3 \times 3\}$$

이렇게도 풀 수 있지만, 계산이 복잡하다.

지금까지 배운 문자식 계산의 복습을 위해 다음 문제를 풀어 보세요.

문제 수준은 약간 어렵지만 아래 연습문제를 혼자 힘으로 풀 수 있게 된다면, 지금까지 배운 내용에 자신감을 가져도 좋습니다.

✍ 연습문제(응용 학습)

$x = 5$, $y = -3$일 때, 다음 식의 값을 구하세요.

(1) $-2(-x + 2y) - 3(-2x - 5y)$ (2) $-x^2 y^3 \div 3xy$ (3) $(x^2 - 3xy) \div \frac{1}{4}x$

※ (3)번 문제는 '다항식 ÷ 단항식'의 계산(3학년 범위)입니다. 지금까지 배워 온 것을 조합하면 풀 수 있습니다.

해답

다음 (1)~(3)의 식을 간단하게 한 다음에 수를 대입하세요.

(1)

$-2(-x+2y)-3(-2x-5y)$

$= 2x-4y+6x+15y$ 분배 법칙을 사용

$= 8x+11y$ 동류항을 정리한다.

$= 8 \times 5+11 \times (-3)$ $x=5$, $y=-3$을 대입

$= 40 - 33 = 7$

(2)

$-x^2 y^3 \div 3xy$ $\square \div \bigcirc = \dfrac{\square}{\bigcirc}$

$= -\dfrac{x^2 y^3}{3xy}$ 곱셈으로 분해하여 약분

$= -\dfrac{\overset{1}{x} \times x \times \overset{1}{y} \times y \times y}{3 \times \underset{1}{x} \times \underset{1}{y}}$

$= -\dfrac{x \times y \times y}{3}$ $x=5$, $y=-3$을 대입하여 약분

$= -\dfrac{5 \times \overset{-1}{(-3)} \times (-3)}{\underset{1}{3}}$

$= -15$

(3)

$(x^2 - 3xy) \div \frac{1}{4}x$ $\frac{1}{4}x = \dfrac{x}{4}$

$= (x^2 - 3xy) \div \dfrac{x}{4}$ 나눗셈을 곱셈으로 고친다.

$= (x^2 - 3xy) \times \dfrac{4}{x}$ 분배 법칙을 사용

$= x^2 \times \dfrac{4}{x} - 3xy \times \dfrac{4}{x}$ 곱셈으로 분해하여 약분

$= \dfrac{\overset{1}{x} \times x \times 4}{\underset{1}{x}} - \dfrac{3 \times \overset{1}{x} \times y \times 4}{\underset{1}{x}}$

$= 4x - 12y$ $x=5$, $y=-3$을 대입

$= 4 \times 5 - 12 \times (-3)$

$= 20 + 36 = 56$

13 전개 공식 1

학습 포인트! **다음 2개 공식을 알아 두자!**
$$(a + b)(c + d) = ac + ad + bc + bd$$
$$(x + a)(x + b) = x^2 + (a + b)x + ab$$

1 다항식 × 다항식

다항식 $(a + b)$와 다항식 $(c + d)$를 곱할 때, ×(곱셈 부호)를 생략하고 $(a + b)(c + d)$와 같이 나타냅니다.

$(a + b)(c + d)$는 오른쪽 순으로 계산하세요.

$$(a + b)(c + d) = ac + ad + bc + bd$$

이와 같이 **단항식과 다항식의 곱셈 식을 괄호를 제거하고 단항식의 덧셈 형태로 나타내는 것**을 '처음 식을 전개한다'고 합니다.

예제 1 다음 식을 전개하세요.

(1) $(a + 3)(b - 5)$ 　　　　　　(2) $(2x - 1)(3x - 4)$

해답

(1)
$$(a + 3)(b - 5) = ab - 5a + 3b - 15$$

(2) $(2x - 1)(3x - 4)$
$$= 6x^2 - 8x - 3x + 4$$
동류항을 정리한다. (②와 ③)
$$= 6x^2 - 11x + 4$$

✎ 연습문제 1

다음 식을 전개하세요.

(1) $(a + 2b)(4c + 3d)$ 　　　　　　(2) $(6x - 5y)(2x - 3y)$

해답

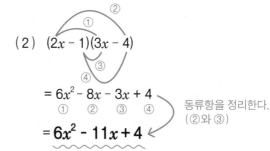

(1) $(a + 2b)(4c + 3d) = 4ac + 3ad + 8bc + 6bd$ 　　　(2) 　$(6x - 5y)(2x - 3y)$
$$= 12x^2 - 18xy - 10xy + 15y^2$$
동류항을 정리한다.
$$= 12x^2 - 28xy + 15y^2$$

2 전개 공식 ①

식을 전개할 때의 대표적인 공식을 '전개 공식'이라고 합니다. 이 책에서는 4개 공식을 소개하는데, 그 중 첫 번째가 오른쪽 공식입니다.

$$(x + a)(x + b) = x^2 + \underset{a와\ b의\ 합}{(a + b)}x + \underset{a와\ b의\ 곱}{\underline{ab}}$$

PART 2 문자와 식

예제 2 다음 식을 전개하세요.

(1) $(x + 6)(x + 2)$

(2) $(a - 3)(a + 11)$

해답

(1) $(x + 6)(x + 2) = x^2 + \underset{6과\ 2의\ 합}{(6 + 2)}x + \underset{6과\ 2의\ 곱}{\underline{6 \times 2}}$

$$= x^2 + 8x + 12$$

(2) $(a - 3)(a + 11) = a^2 + \underset{-3과\ 11의\ 합}{(-3 + 11)}a + \underset{-3과\ 11의\ 곱}{\underline{(-3) \times 11}}$

$$= a^2 + 8a - 33$$

🖐 연습문제 2

다음 식을 전개하세요.

(1) $(x - 4)(x - 8)$

(2) $(y + 7)(y - 9)$

해답

(1)

(−4) + (−8)의 +를 생략한 형태
↓
$(x - 4)(x - 8) = x^2 + \underset{-4와\ -8의\ 합}{(-4 - 8)}x + \underset{-4와\ -8의\ 곱}{\underline{(-4) \times (-8)}}$

$$= x^2 - 12x + 32$$

(2)

7 + (−9)의 +를 생략한 형태
↓
$(y + 7)(y - 9) = y^2 + \underset{7과\ -9의\ 합}{(7 - 9)}y + \underset{7과\ -9의\ 곱}{\underline{7 \times (-9)}}$

$$= y^2 - 2y - 63$$

🔥 이것이 핵심 포인트!

공식이 생각나지 않을 때의 대처법 ①

만약 이 전개 공식을 잊어버렸다면
$(a + b)(c + d) = ac + ad + bc + bd$ 공식을 이용
하여 전개할 수도 있습니다. 연습문제 2 (1)이라면
오른쪽과 같이 전개할 수 있습니다.

$$(x - 4)(x - 8) = \underset{①}{x^2} \underset{②}{- 8x} \underset{③}{- 4x} \underset{④}{+ 32}$$

$$= x^2 - 12x + 32$$

동류항을 정리한다.

14 전개 공식 2

학습 포인트! **다음 3개 공식을 알아 두자!**

$(x + a)^2 = x^2 + 2ax + a^2$ $(x - a)^2 = x^2 - 2ax + a^2$

$(x + a)(x - a) = x^2 - a^2$

3 전개 공식 ②, ③

4개의 전개 공식 중에서 첫 번째는 33쪽에서 소개했습니다.

여기에서는 오른쪽 2개의 전개 공식에 대해 알아봅니다.

$$(x + a)^2 = x^2 + \underset{a의\ 2배}{2ax} + \underset{a의\ 제곱}{a^2}$$

$$(x - a)^2 = x^2 - \underset{a의\ 2배}{2ax} + \underset{a의\ 제곱}{a^2}$$

예제 3 다음 식을 전개하세요.

(1) $(x + 8)^2$

(1) $(y - 5)^2$

해답

(1) $(x + 8)^2 = x^2 + \underset{8의\ 2배}{2 \times 8} \times x + \underset{8의\ 제곱}{8^2}$

$= x^2 + 16x + 64$

(1) $(y - 5)^2 = y^2 - \underset{5의\ 2배}{2 \times 5} \times y + \underset{5의\ 제곱}{5^2}$

$= y^2 - 10y + 25$

✍ 연습문제 3

다음 식을 전개하세요.

(1) $(x + 11)^2$

(2) $(a - 1)^2$

해답

(1) $(x + 11)^2 = x^2 + \underset{11의\ 2배}{2 \times 11} \times x + \underset{11의\ 제곱}{11^2}$

$= x^2 + 22x + 121$

(2) $(a - 1)^2 = a^2 - \underset{1의\ 2배}{2 \times 1} \times a + \underset{1의\ 제곱}{1^2}$

$= a^2 - 2a + 1$

4 전개 공식 ④

마지막 전개 공식에 대해 알아보겠습니다.

$$(x + a)(x - a) = \underset{x\text{의 제곱}}{\underline{x^2}} - \underset{a\text{의 제곱}}{\underline{a^2}}$$

예제 4 다음 식을 전개하세요.

(1) $(x + 6)(x - 6)$

(2) $(2a - 3)(2a + 3)$

해답

(1) $(x + 6)(x - 6) = \underset{x\text{의 제곱}}{\underline{x^2}} - \underset{6\text{의 제곱}}{\underline{6^2}}$

$$= \underline{x^2 - 36}$$

(2) $(2a - 3)(2a + 3) = \underset{2a\text{의 제곱}}{\underline{(2a)^2}} - \underset{3\text{의 제곱}}{\underline{3^2}}$

$$= \underline{4a^2 - 9}$$

연습문제 4

다음 식을 전개하세요.

(1) $(x - 9)(x + 9)$

(2) $(7 + 5y)(5y - 7)$

해답

(1) $(x - 9)(x + 9) = \underset{x\text{의 제곱}}{\underline{x^2}} - \underset{9\text{의 제곱}}{\underline{9^2}}$

$$= \underline{x^2 - 81}$$

(2) $(7 + 5y)(5y - 7) = (5y + 7)(5y - 7)$

7과 5y를
바꿔 넣는다.

$$= \underset{5y\text{의 제곱}}{\underline{(5y)^2}} - \underset{7\text{의 제곱}}{\underline{7^2}}$$

$$= \underline{25y^2 - 49}$$

이것이 핵심 포인트!

공식이 생각나지 않을 때의 대처법 ②

여기에서 배운 3개의 전개 공식을 잊어 버렸을 때도

$$(a + b)(c + d) = ac + ad + bc + bd$$

이 공식을 이용하여 전개할 수 있습니다.

예제 3 (1)

$(x + 8)^2$ 곱셈으로 분해한다.

$= (x + 8)(x + 8)$

$= x^2 + 8x + 8x + 64$

$= x^2 + 16x + 64$ 동류항을 정리한다.

$(a + b)(c + d)$
$= ac + ad + bc + bd$
를 사용한다.

예제 3 (2)

$(y - 5)^2$ 곱셈으로 분해한다.

$= (y - 5)(y - 5)$

$= y^2 - 5y - 5y + 25$

$= y^2 - 10y + 25$ 동류항을 정리한다.

$(a + b)(c + d)$
$= ac + ad + bc + bd$
를 사용한다.

예제 4 (1)

$(x + 6)(x - 6)$

$= x^2 - 6x + 6x - 36$

$= x^2 - 36$ '$-6x + 6x = 0$' 이므로 소거

$(a + b)(c + d)$
$= ac + ad + bc + bd$
를 사용한다.

4개의 전개 공식은 나중에 배울 인수분해와도 관계가 있으므로, 외워 둘 필요는 있습니다.

하지만, 공식이 기억나지 않을 때는 이 방식으로 대처하세요.

15 방정식이란?

학습
포인트!

동식의 5가지 성질을 알아 두자!

1 방정식이란?

= (이퀄)을 '등호'라고 합니다.

등호를 사용하여 수와 양의 균등한 관계를 나타낸 식을 '등식'이라고 합니다.

등식에서 등호(=) 좌측의 식을 '좌변'이라고 합니다.

등식에서 등호(=) 우측의 식을 '우변'이라고 합니다.

좌변과 우변을 합쳐서 '양변'이라고 합니다.

예를 들어, 등식 '$2x + 4 = 10$'에서 좌변, 우변, 양변은
오른쪽과 같이 됩니다.

등식 '$2x + 4 = 10$'에 대해서 x에 수를 대입해 보겠습니다.

x에 1을 대입

좌변은 '$2 \times 1 + 4 = 6$'이 되고, 우변의 10과 일치합니다.

x에 2를 대입

좌변은 '$2 \times 2 + 4 = 8$'이 되고, 우변의 10과 일치하지 않습니다.

x에 3을 대입

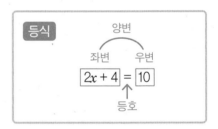

좌변은 '$2 \times 3 + 4 = 10$'이 되고, 우변의 10과 일치하며 성립합니다.

'$2x + 4 = 10$'과 같이 **문자에 대입하는 값에 의해 성립하거나 성립하지 않는 등식을** '방정식'이라고 합니다.

또한 **방정식을 성립시키는 값을 그 방정식의** '해(解)'라고 합니다. 그리고 **해를 구하는 것을** '방정식을 푼다'고 합니다.

위에서 예로 든 방정식 '$2x + 4 = 10$'의 해는 3입니다.

등식에는 다음과 같은 성질이 있으니 알아 두세요.

> **등식의 성질**
>
> ① A=B라면 A+C=B+C는 성립한다.
> ② A=B라면 A-C=B-C는 성립한다.
> ③ A=B라면 AC=BC는 성립한다.
> ④ A=B라면 $\dfrac{A}{C}=\dfrac{B}{C}$ 는 성립한다. (C는 0이 아님)

즉 A=B가 성립할 때, 양변에 같은 수를 더하거나 빼거나 곱하거나 나누어도 등식은 성립한다는 성질입니다.

이것이 핵심 포인트!

등식의 다섯 번째 성질이란?

등식에는 위의 4가지 성질 외에 또 하나의 성질이 있습니다.

⑤ A=B라면 B=A는 성립한다. 즉 등식의 양변을 바꿔 넣어도 등식은 성립한다는 성질입니다. 예를 들어 '$2x + 4 = 10$'이면 '$10 = 2x + 4$'도 성립한다는 것입니다. 당연한 것처럼 생각할 수도 있겠지만 방정식을 풀 때 이런 성질이 도움이 될 때가 있습니다.

2 등식의 성질을 이용한 방정식 풀이법

등식의 성질을 이용하여 방정식을 풀 수 있습니다.

예제 다음 방정식을 풀어 보세요.

(1) $x + 8 = 15$

(2) $5x = 30$

해답

(1) $x + 8 = 15$

등식의 양변에서 같은 수를 빼더라도 등식은 성립합니다. 그러므로 양변에서 8을 뺍니다.

$$x + 8 - 8 = 15 - 8 \qquad \underline{\pmb{x = 7}}$$

(2) $5x = 30$

등식의 양변을 같은 수로 나누어도 등식은 성립합니다. 그러므로 양변을 5로 나눕니다.

$$\frac{5x}{5} = \frac{30}{5} \qquad \underline{\pmb{x = 6}}$$

예제 의 풀이법을 이해했다면 해답을 가리고 혼자 힘으로 풀어 보세요.

16 이항을 사용한 방정식 풀이법

학습 포인트!

이항 방법 { 문자의 항을 좌변으로 이항
수의 항을 우변으로 이항

37쪽 예제 (1)의 방정식 '$x + 8 = 15$'는 등식의 성질을 이용하여 풀었습니다.

그러나 등식의 성질을 이용하는 것보다 이항 방법을 사용하여 보다 간단하게 풀 수 있는 경우가 있습니다.

등식의 항에서는 그 부호(+와 -)를 바꾸어 좌변에서 우변으로, 또는 우변에서 좌변으로 이동할 수 있습니다. 이것을 '이항(移項)'이라고 합니다.

방정식 '$x + 8 = 15$' 를 이항 방법을 이용해서 풀어 보세요.

$$x \boxed{+ 8} = 15$$
$$x \quad = 15 \boxed{- 8} \quad \begin{array}{l} \text{+를 - 로}\\ \text{바꾸어 이항} \end{array}$$
$$\underline{x = 7}$$

왼쪽 그림과 같이 좌변의 +8을 부호를 바꾸어 우변으로 이항하여 풉니다.

이항 방법을 이용하여 방정식을 풀 때는 문자를 포함한 항을 좌변으로, 수의 항을 우변으로 각각 이항하면 순조롭게 풀리는 경우가 많습니다.

예제 다음 방정식을 풀어 보세요.

(1) $2x - 3 = - 9$ (2) $-3x + 20 = 2x$ (3) $-x + 1 = -4x - 17$

해답

(1) 좌변의 -3을 **부호를 바꾸어 우변으로 이항**하세요.

(2) 좌변의 +20을 **부호를 바꾸어 우변으로 이항**하세요.
우변의 2x를 **부호를 바꾸어 좌변으로 이항**하세요.

(3) 좌변의 +1을 **부호를 바꾸어 우변으로 이항**하세요.
우변의 -4x 를 **부호를 바꾸어 좌변으로 이항**하세요.

(1)
$$2x \boxed{-3} = - 9 \quad \begin{array}{l}\text{- 를 + 로}\\\text{바꾸어 이항}\end{array}$$
$$2x \quad = - 9 \boxed{+3} \quad \begin{array}{l}\text{우변을}\\\text{계산}\end{array}$$
$$2x \quad = - 6 \quad \begin{array}{l}\text{양변을}\\\text{2로 나눔}\end{array}$$
$$\underline{x = -3}$$

(2)
$$-3x \boxed{+ 20} = \boxed{2x} \quad \begin{array}{l}\text{문자를 좌변으로,}\\\text{수를 우변으로 이항}\end{array}$$
$$-3x \boxed{- 2x} = \boxed{-20} \quad \begin{array}{l}\text{좌변을}\\\text{계산}\end{array}$$
$$- 5x = -20 \quad \begin{array}{l}\text{양변을}\\\text{5로 나눔}\end{array}$$
$$\underline{x = 4}$$

(3)
$$-x \boxed{+ 1} = \boxed{-4x} - 17 \quad \begin{array}{l}\text{문자를 좌변}\\\text{으로, 수를 우}\\\text{변으로 이항}\end{array}$$
$$-x \boxed{+ 4x} = -17 \boxed{-1} \quad \begin{array}{l}\text{양변을}\\\text{계산}\end{array}$$
$$3x = -18 \quad \begin{array}{l}\text{양변을}\\\text{3으로 나눔}\end{array}$$
$$\underline{x = -6}$$

연습문제

다음 방정식을 풀어 보세요.

(1) $2x - 5(x + 4) = 16$　　(2) $-0.1x + 0.24 = 0.08x - 0.3$　　(3) $\dfrac{1}{8}x - \dfrac{1}{6} = \dfrac{1}{3}x$

해답

(1) 괄호를 포함한 방정식은 분배 법칙을 사용하여 괄호를 푼 후 풀어 보세요.

$$2x - 5(x + 4) = 16$$
$$2x - 5x - 20 = 16 \quad \text{괄호를 푼다.}$$
$$2x - 5x = 16 + 20 \quad \text{-20을 우변으로 이항}$$
$$-3x = 36 \quad \text{양변을 계산}$$
$$x = -12 \quad \text{양변을 -3으로 나눈다.}$$

(2) 양변에 100을 곱하여 소수를 정리한 후 풀어 보세요.

$$-0.1x + 0.24 = 0.08x - 0.3 \quad \text{양변에 100을 곱한다.}$$
$$(-0.1x + 0.24) \times 100 = (0.08x - 0.3) \times 100 \quad \text{괄호를 푼다.}$$
$$-10x + 24 = 8x - 30 \quad \text{24와 } 8x \text{를 이항}$$
$$-10x - 8x = -30 - 24 \quad \text{양변을 계산}$$
$$-18x = -54 \quad \text{양변을 18로 나눈다.}$$
$$x = 3$$

(3) 양변에 분모(8, 6, 3)의 최소공배수 24를 곱하여 분수를 정수로 만든 후 풀어 보세요. 이와 같이 변형하는 것을 '분모를 제거한다'고 합니다.

$$\frac{1}{8}x - \frac{1}{6} = \frac{1}{3}x \quad \text{양변에 분모의 최소공배수 24를 곱한다.}$$
$$\left(\frac{1}{8}x - \frac{1}{6}\right) \times 24 = \frac{1}{3}x \times 24 \quad \text{괄호를 푼다.}$$
$$\frac{1}{8}x \times 24 - \frac{1}{6} \times 24 = \frac{1}{3}x \times 24 \quad \text{분모를 제거한다.}$$
$$3x - 4 = 8x \quad \text{-4와 } 8x \text{를 이항}$$
$$3x - 8x = 4 \quad \text{좌변을 계산}$$
$$-5x = 4 \quad \text{양변을 -5로 나눈다.}$$
$$x = -\frac{4}{5}$$

이것이 핵심 포인트!

방정식과 다항식의 풀이법의 차이는?
다음 ①과 ②의 식은 비슷합니다.

① $\dfrac{1}{8}x - \dfrac{1}{6} = \dfrac{1}{3}x$　　② $\dfrac{1}{8}x - \dfrac{1}{6} - \dfrac{1}{3}x =$

①은 방정식이고, ②는 다항식의 계산입니다. 방정식에는 등호(=) 좌우에 양변이 있으며, 다항식에는 양변이 없습니다.

①은 연습문제 (3)과 같은 방정식이므로 양변을 24배로 하여 풀어 나갑니다. 한편 ②의 다항식 계산은 아래 [②의 잘못된 계산 예]와 같이 24배 하여 푸는 것은 잘못된 방법입니다. 왜냐하면 식을 24배 했기 때문에 답도 24배가 되기 때문입니다. 이것은 다항식과 방정식을 모두 배운 사람이 흔히 범하는 실수이므로 주의하세요.

[②의 잘못된 계산 예]

$$\frac{1}{8}x - \frac{1}{6} - \frac{1}{3}x \quad \text{24를 곱하면 안 됨!}$$
$$= \left(\frac{1}{8}x - \frac{1}{6} - \frac{1}{3}x\right) \times 24$$
$$= 3x - 4 - 8x$$
$$= -5x - 4 \quad \longleftarrow \text{24를 곱한 답이 되므로 틀림}$$

[②의 올바른 계산 예]

$$\frac{1}{8}x - \frac{1}{6} - \frac{1}{3}x \quad \text{통분한다.}$$
$$= \frac{3}{24}x - \frac{8}{24}x - \frac{1}{6}$$
$$= -\frac{5}{24}x - \frac{1}{6} \quad \longleftarrow \text{올바른 답}$$

※ 방정식과 다항식의 계산을 구별해야 합니다.
풀이법을 혼동하지 않도록 주의하세요!

17 일차 방정식의 문장형 문제 ①

학습
포인트!

일차 방정식의 문장형 문제는 3단계로 풀자!

지금까지 나온 방정식은 이항하여 정리하면 '(1차식) = 0'의 형태로 변형할 수 있습니다.

이와 같은 방정식을 '일차 방정식'이라고 합니다.

이번 단원에서는 일차 방정식의 문장형 문제에 대해서 살펴보겠습니다.

일차 방정식의 문장형 문제는 다음과 같이 3단계로 풉니다.

단계 1	단계 2	단계 3
구하려는 값을 x 라고 한다.	방정식을 만든다.	방정식을 푼다.

예제 볼펜 5자루와 120원짜리 지우개 6개를 샀을 때, 대금 합계는 1,520원이 되었습니다.
볼펜 1자루의 값은 얼마입니까?

해답 3단계에 따라서 다음과 같이 풀 수 있습니다.

단계 1 구하려는 값을 x 라고 한다.

볼펜 1자루의 가격을 x 원이라고 합니다.

단계 2 방정식을 만든다.

(x원짜리 볼펜 5자루의 대금) + (120원짜리 지우개 6개의 대금) = (대금 합계)

이 관계를 식으로 나타내면 다음과 같은 방정식을 만들 수 있습니다.

$$\underset{\substack{\uparrow \\ \text{볼펜 5자루의} \\ \text{대금}}}{5x} + \underset{\substack{\uparrow \\ \text{지우개 6개의} \\ \text{대금}}}{120 \times 6} = \underset{\substack{\uparrow \\ \text{대금 합계}}}{1520}$$

단계 3 방정식을 푼다.

$$5x + 120 \times 6 = 1520$$
$$5x + 720 = 1520$$
$$5x = 1520 - 720$$
$$5x = 800$$
$$x = 160$$

〉 '120×6'을 계산
〉 '720'을 이항
〉 '1520 - 720'을 계산
〉 양변을 5로 나눈다.

답 160원

✋ 연습문제 1

1개에 70원인 과자와 1개에 90원인 사탕을 합쳐서 15개 샀을 때, 지불한 돈은 1,210원이었습니다. 과자와 사탕을 각각 몇 개 샀을까요?

해답

3단계에 따라 다음과 같이 풀 수 있습니다.

단계 1 구하려는 값을 x 라고 한다.

구입한 과자 개수를 x개라고 합니다.

모두 합쳐서 15개를 샀으므로,

사탕 개수는 $(15 - x)$개로 나타낼 수 있습니다.

단계 2 방정식을 만든다.

'(70원짜리 과자 x개의 대금) + (90원짜리 사탕, 15 $- x$개의 대금) = (대금 합계)'를 식으로 나타내면 다음과 같은 방정식을 만들 수 있습니다.

$$70x \quad + \quad 90(15 - x) \quad = \quad 1210$$

| 과자 x개의 대금 | 사탕 $(15 - x)$ 개의 대금 | 대금 합계 |

단계 3 방정식을 푼다.

$$70x + 90(15 - x) = 1210$$
$$70x + 1350 - 90x = 1210 \qquad \text{괄호를 푼다.}$$
$$70x - 90x = 1210 - 1350 \qquad \text{'1350'을 이항}$$
$$-20x = -140$$
$$x = 7 \qquad \text{양변을 } -20\text{으로 나눔}$$

구입한 과자 개수 x 는 7이므로, 7개입니다.

합쳐서 15개 샀으므로,

사탕 개수는 전체 15개에서 과자 개수 7개를 빼면 8개 $(15 - 7 = 8)$개가 됩니다.

답   **과자 7개, 사탕 8개**

🕊 이것이 핵심 포인트!

사탕 개수를 x개로 해도 풀 수 있다!

연습문제 1 의 해답에서는 과자 개수를 x개로 하여 풀었는데, 사탕 개수를 x개로 해도 다음과 같이 풀 수 있습니다. 자신 있는 사람은 다음 풀이법을 보지 않고 혼자 힘으로 풀어 보세요.

풀이법

구입한 사탕 개수를 x개라고 합니다.

합쳐서 15개 샀으므로,

과자 개수는 $(15 - x)$개로 나타낼 수 있습니다.

$$90x \quad + \quad 70(15 - x) \quad = \quad 1210$$

| 사탕 x개의 대금 | 과자 $(15 - x)$ 개의 대금 | 대금 합계 |

괄호를 푼다.

$$90x + 1050 - 70x = 1210$$
$$90x - 70x = 1210 - 1050 \qquad \text{1050을 이항}$$
$$20x = 160$$
$$x = 8 \qquad \text{양변을 } 20\text{으로 나눔}$$

합쳐서 15개 샀으므로, 과자 개수는

$15 - 8 = 7$개

답   **과자 7개, 사탕 8개**

18 일차 방정식의 문장형 문제 ②

학습
포인트!
같은 것을 2가지 방식으로 표시하고, 등호(=)로 연결하자!

앞 단원(일차 방정식의 문장형 문제)에 이어 일차 방정식의 다양한 문장형 문제를 연습하세요.

🖐 연습문제 2

몇 명의 학생들에게 볼펜을 나누어 줍니다.

1명에게 7개씩 나누어 주면 12개가 모자라고, 1명에게 5개씩 나누어 주면 6개가 남습니다.

이 경우, 학생 수와 볼펜 개수를 구하세요.

해답

　　　3단계에 따라 다음과 같이 풀 수 있습니다.

단계 1 구하려는 값을 x 라고 한다.

학생 수를 x 명이라고 합니다.

단계 2 방정식을 만든다.

1명당 7자루씩 x 명에게 나누어 주면 12자루가 부족하므로, 볼펜 개수는 $(7x - 12)$자루로 나타낼 수 있습니다.
그리고 1명당 5자루씩 x 명에게 나누어 주면 6자루가 남으므로, 볼펜 개수는 $(5x+6)$자루로 나타낼 수 있습니다.

볼펜 개수를 '$7x - 12$'와 '$5x+6$' 2가지 방식으로 나타낼 수 있으므로, 이를 등호(=)로 연결하면 다음과 같은 방정식을 만들 수 있습니다.

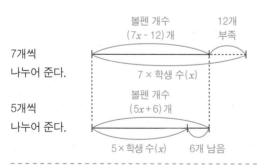

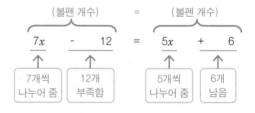

단계 3 방정식을 푼다.

$$7x - 12 = 5x + 6$$
$$7x - 5x = 6 + 12$$

-12와 $5x$를 이항

$$2x = 18$$
$$x = 9$$

양변을 2로 나눈다.

학생 수는 9명이고, 1명당 7개씩 나누어 주면 12개 부족하기 때문에 볼펜 개수는

$$9 \times 7 - 12 = 51 \,(개)$$

답 　학생 수는 **9명**
　볼펜 개수는 **51개**

🖐 연습문제 3

A 군이 집에서 공원을 향해 출발했고, 그로부터 8분 후에 아버지가 A 군을 따라 집에서 출발했습니다. A 군이 걷는 속도는 분속 65m, 아버지가 걷는 속도는 분속 85m입니다. 이때, 아버지는 출발하고 나서 몇 분 후에 A 군을 따라잡을 수 있는지 구하세요.

해답

3단계에 따라 다음과 같이 풀 수 있습니다.

단계 1 구하려는 값을 x라고 한다.

아버지가 출발하고 나서 x 분 후에 A 군을 따라잡는다고 가정합니다.

단계 2 방정식을 만든다.

문제의 상황을 그림으로 나타내면 다음과 같이 됩니다.

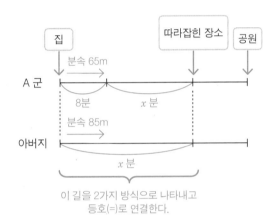

A 군은 분속 65m 속도로 $(x + 8)$분 걸었습니다.
'속도 × 시간 = 거리'이므로 A 군이 걸은 거리는 '$65(x+8)$'로 나타낼 수 있습니다.

한편 아버지는 분속 85m 속도로 x분 걸었습니다.
'속도 × 시간 = 거리'이므로 아버지가 걸은 거리는 $85x$ 로 나타낼 수 있습니다.

A 군이 걸은 거리와 아버지가 걸은 거리는 같으므로 다음과 같은 방정식을 만들 수 있습니다.

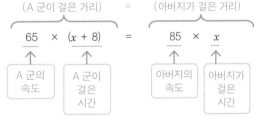

단계 3 방정식을 푼다.

$$65(x + 8) = 85x \quad \text{괄호를 푼다.}$$
$$65x + 520 = 85x \quad \text{520과 } 85x \text{ 를 이항}$$
$$65x - 85x = -520$$
$$-20x = -520 \quad \text{양변을 -20으로 나눔}$$
$$x = 26$$

답   **26분 후**

 이것이 핵심 포인트!

같은 것을 2가지 방식으로 나타내고 등호(=)로 표시하자!

연습문제 2 에서는 볼펜 개수를 '$7x - 12$'와 '$5x+6$'의 2가지 방식으로 나타낸 후 등호(=)로 연결했습니다. 한편, 연습문제 3 에서는 A 군이 따라잡히기까지의 거리를 '$65(x+8)$'과 '$85x$'의 2가지 방식으로 나타낸 후 등호(=)로 연결했습니다. 이와 같이 방정식의 문장형 문제에서는 같은 것을 2가지 방식으로 나타내고 등호(=)로 연결하여 방정식을 만들 수 있습니다.

19 좌표란?

좌표에 관한 여러 가지 용어의 의미를 알아 두자!

평면상에서 점의 위치를 나타내는 방법에 대해서 알아보겠습니다.

아래 그림1 과 같이 평면상에 직각으로 교차하는 가로와 세로의 수직선이 있다고 가정해 봅시다.

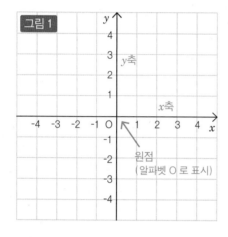

그림1 에서 **가로의 수직선**을 x**축**이라 하고, **세로의 수직선**을 y**축**이라고 합니다.

x**축**과 y**축**의 교점을 '원점'이라고 하며, 알파벳 O 로 나타냅니다. (숫자 0 이 아니므로 주의하세요.)

그림 2 에서 점 P의 위치를 나타내 봅시다.

그림 2 와 같이 P에서 x 축과 y 축에 수직으로 직선(파란선)을 긋습니다.

P의 x 축 상의 눈금은 3입니다. 이 3을 P의 'x 좌표'라고 합니다.

P의 y 축 상의 눈금은 4입니다. 이 4를 P의 'y 좌표'라고 합니다.

P의 x 좌표 3과 y 좌표 4를 합쳐서 (3, 4)라고 쓰고, 이것을 P의 '좌표'라고 합니다.

점 P는 'P(3, 4)'라고 쓸 수도 있습니다.

점 P의 좌표 → P (3 , 4)
 ↑ ↑
 x 좌표 y 좌표

이와 같이 x 축과 y 축을 정하여 점의 위치를 좌표에 나타낼 수 있는 평면을 '좌표평면'이라고 합니다.

이것이 핵심 포인트!

다양한 용어의 의미를 알아 두자!

이번 단원에서는 다양한 용어가 나와서 힘들다고 생각하는 학생도 있을지 모르겠습니다.
그러나 이미 좌표에 대해서 배운 중학생을 가르치는 수학 선생님이나 수학 참고서에는 이들 용어를 이미 알고 있다고 전제하고 아무렇지 않게 사용합니다. 수업이나 참고서의 내용을 이해하기 위해서라도 다양한 용어의 의미를 알아 두는 것이 좋습니다.

연습문제

아래 그림에 대해서 다음 질문에 대답하세요.

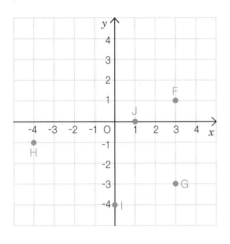

(1) 그림에 다음 점을 그려 넣으세요.

A (2, 3), B (-1, 4), C (-2, -4)

D (0, 2), E (-3, 0)

(2) 그림의 점 F, G, H, I, J의 좌표를 답하세요.
원점 O의 좌표를 답하세요.

해답

(1) 점 A, B, C, D, E는 다음과 같습니다.

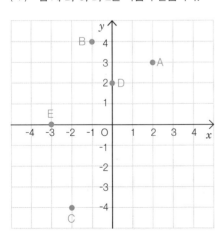

(2) 점 F는 x 좌표가 3, y 좌표가 1이므로 F(3, 1)

점 G는 x 좌표가 3, y 좌표가 -3이므로 G(3, -3)

점 H는 x 좌표가 -4, y 좌표가 -1이므로 H(-4, -1)

점 I는 x 좌표가 0, y 좌표가 -4이므로 I(0, -4)

점 J는 x 좌표가 1, y 좌표가 0이므로 J(1, 0)

원점 O는 x 좌표와 y 좌표가 모두 0이므로 (0, 0)

20 비례와 그래프

1 비례란?

x와 y를 다음 식으로 나타낼 때 'y는 x에 비례한다'고 합니다.

$$비례식 \rightarrow \quad y = ax$$

이 경우, $y = ax$의 a를 '비례정수'라고 합니다. 예를 들면 $y = 5x$의 비례정수는 5입니다.

예제 x와 y에 대해서 '$y = 3x$'라는 관계가 성립합니다.
이 경우, 다음을 계산하세요.

(1) y는 x에 비례한다고 할 수 있나요?
(2) 비례정수는 무엇인가요?
(3) 오른쪽 표를 채우세요.

x	…	-3	-2	-1	0	1	2	3	…
y	…								…

해답

(1) '$y = ax$(a는 3)'라는 식으로 나타내고 있으므로, y는 x에 비례한다고 할 수 있습니다.

답 ___비례함___

(2) '$y = 3x$'의 3이 비례정수입니다.

답 ___3___

(3) '$y = 3x$'의 x에 1을 대입하면 '$y = 3×1 = 3$'이 됩니다.
또한 x에 -2를 대입하면 '$y = 3×(-2) = -6$'이 됩니다.
이와 같이 x에 수를 대입하여 y의 값을 구해 나가면 다음과 같이 답을 구할 수 있습니다.

x	…	-3	-2	-1	0	1	2	3	…
y	…	-9	-6	-3	0	3	6	9	…

예제 (3)의 표에서 다음과 같이 x가 2배가 되면 y도 2배가 되며, x가 3배가 되면 y도 3배가 되는 것을 알 수 있습니다.

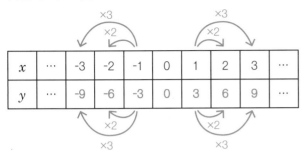

x와 y가 '$y=ax$'라는 비례 관계로 나타날 때 x가 2배, 3배, 4배 …가 되면 y도 2배, 3배, 4배…가 된다는 성질이 있습니다.

2 비례 그래프

예제 (3)의 표에서 각각을 좌표에 대응시키면 다음과 같이 됩니다.

x	…	-3	-2	-1	0	1	2	3	…
y	…	-9	-6	-3	0	3	6	9	…

좌표 (-3, -9) (-2, -6) (-1, -3) (0, 0) (1, 3) (2, 6) (3, 9)

그리고 좌표평면상에 이들 좌표의 점을 찍고, 그것을 직선으로 연결합니다. 그러면 오른쪽과 같이 '$y=3x$'라는 그래프를 그릴 수 있습니다.

오른쪽 그림과 같이 비례 그래프는 원점을 지나는 직선이 됩니다.

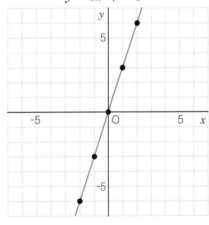

$y=3x$ 의 그래프

이것이 핵심 포인트!

비례정수가 양수인지 음수인지는 그래프로 알 수 있다!

예제 에서 본 '$y=3x$'는 비례정수(3)가 양수로 우상향 곡선이 되었습니다.
예를 들어, '$y=-3x$'와 같이 비례정수(-3)가 음수인 경우, 그래프는 우하향 곡선이 되므로 주의해야 합니다.

[$y=ax$ 의 그래프]

a가 양수($a>0$)일 때 a가 음수($a<0$)일 때

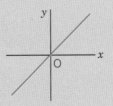

우상향 그래프   우하향 그래프
(오른쪽으로 갈수록 올라감)   (오른쪽으로 갈수록 내려감)

21 반비례와 그래프

학습 포인트!

반비례식은 $y = \dfrac{a}{x}$ 임을 기억해 두자!

1 반비례란?

x 와 y 를 다음과 같은 식으로 나타낼 때 'y 는 x 에 반비례한다'고 합니다.

반비례 식 → $y = \dfrac{a}{x}$

이때 '$y = \dfrac{a}{x}$ 의 a'를 비례일 때와 마찬가지로 '비례정수'라고 합니다. 예를 들면, $y = \dfrac{6}{x}$ 의 비례정수는 6입니다.

예제 ▶ x 와 y 에 대해서 '$y = \dfrac{12}{x}$'라는 관계가 성립합니다.
이때, 다음 질문에 답하세요.

(1) y는 x에 반비례한다고 할 수 있나요?　　(2) 비례정수는 무엇인가요?

(3) 다음 표를 채우세요.

x	⋯	-12	-6	-4	-3	-2	-1	0	1	2	3	4	6	12	⋯
y	⋯							×							

해답 ◁

(1) 식 $y = \dfrac{a}{x}$ (a는12)로 나타낼 수 있으므로, y는 x에 반비례한다는 것을 알 수 있습니다.

답　반비례한다.

(2) $y = \dfrac{12}{x}$ 의 12가 비례정수입니다.

답　　12

(3) $y = \dfrac{12}{x}$ 의 x에 2를 대입하면 $y = \dfrac{12}{2} = 6$ 이 됩니다.

또한 x에 -4를 대입하면 $y = \dfrac{12}{-4} = -3$ 이 됩니다.

이와 같이 x에 수를 대입하여 y의 값을 구해 나가면 다음과 같이 답을 구할 수 있습니다.

12를 0으로 나눌 수 없으므로 0 칸에는 × 표시를 했습니다.

x	⋯	-12	-6	-4	-3	-2	-1	0	1	2	3	4	6	12	⋯
y	⋯	-1	-2	-3	-4	-6	-12	×	12	6	4	3	2	1	⋯

예제 (3)의 표에서 다음과 같이 x가 2배가 되면 y는 $\frac{1}{2}$ 배가 되며, x가 3배가 되면 y는 $\frac{1}{3}$ 배가 되는 것을 알 수 있습니다.

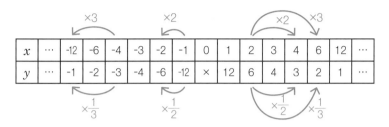

x	⋯	-12	-6	-4	-3	-2	-1	0	1	2	3	4	6	12	⋯
y	⋯	-1	-2	-3	-4	-6	-12	×	12	6	4	3	2	1	⋯

x와 y가 $y = \dfrac{a}{x}$ 라는 반비례 관계로 나타날 때 x가 2배, 3배, 4배 ⋯가 되면 y는 $\dfrac{1}{2}$ 배, $\dfrac{1}{3}$ 배, $\dfrac{1}{4}$ 배⋯가 된다는 성질이 있습니다.

PART 4 비례와 반비례

2 반비례 그래프

예제 의 $y = \dfrac{12}{x}$ 의 그래프를 그려 보겠습니다.

예제 (3)의 표를 보면서 좌표평면상에 이들 좌표 점을 찍고, 그것을 곡선으로 완만하게 연결하면 오른쪽과 같이 $y = \dfrac{12}{x}$ 의 그래프를 그릴 수 있습니다. 각각의 점을 직선으로 연결하는 것이 아니라 완만하게 곡선으로 연결하는 것이 포인트입니다.

오른쪽과 같이 반비례 그래프는 완만한 2개의 곡선이 되고, 이를 '쌍곡선'이라고 합니다.

$y = \dfrac{12}{x}$ 의 그래프

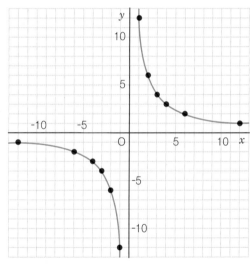

 이것이 핵심 포인트!

반비례 그래프도 비례정수가 양수일 때와 음수일 때에 따라 바뀐다!

비례 그래프에서는 비례정수가 양수일 때 우상향 그래프가 되고, 음수일 때 우하향 그래프가 됩니다. 반비례 그래프도 비례정수가 양수일 때와 음수일 때에 따라 오른쪽과 같이 바뀌므로 주의해야 합니다.

$\left[y = \dfrac{a}{x} \text{의 그래프} \right]$

a가 양수($a > 0$)일 때

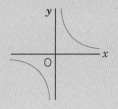

a가 음수($a < 0$)일 때

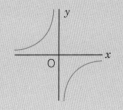

22 연립방정식 풀이법 ①

가감법에서는 계산하기 쉬운 꼴로 만들어서 풀자!

1 가감법이란?

$$\begin{cases} 7x + 3y = 27 \\ 5x + 3y = 21 \end{cases}$$

왼쪽 식과 같이 **2개 이상의 방정식을 조합한 것**을 '연립방정식'이라고 합니다.

연립방정식에는 2가지 풀이법(가감법과 대입법)이 있는데, 여기에서는 먼저 가감법에 대해 설명하겠습니다.
가감법은 양변을 더하거나 빼는(가감하여) 방식으로 문자를 제거하여 푸는 방법입니다.

예제 1 다음 연립방정식을 풀어 보세요.

$$\begin{cases} 7x + 3y = 27 \cdots\cdots ① \\ 5x + 3y = 21 \cdots\cdots ② \end{cases}$$

해답

①의 $+3y$에서 ②의 $+3y$를 빼면 0이 되는 것을 이용하여 풉니다.
$[\,(+ 3y)\; -\; (+ 3y)\; = 0\,]$

①의 양변에서 ②의 양변을 빼면

①에서 ②를 뺀다
$$\begin{array}{r} 7x + 3y = 27 \cdots\cdots ① \\ -)\; 5x + 3y = 21 \cdots\cdots ② \\ \hline 2x \qquad = 6 \\ x \qquad = 3 \end{array}$$
양변을 2로 나눔

$x = 3$ 을 ②의 식 $(5x + 3y = 21)$에 대입하면

$15 + 3y = 21 \rightarrow 3y = 21 - 15 \rightarrow$
$3y = 6 \rightarrow y = 2$

답 $x = 3, \; y = 2$

다음 연립방정식을 풀어 보세요.

(1) $\begin{cases} 4x - 5y = 11 \cdots \text{❶} \\ 2x + 3y = -11 \cdots \text{❷} \end{cases}$ (2) $\begin{cases} 5x + 2y = 1 \cdots \text{❶} \\ -8x - 3y = -3 \cdots \text{❷} \end{cases}$

해답

(1) ❷의 양변을 2배 하면 $4x$가 생기므로 두 식을 가감법으로 풀 수 있습니다.

❷의 양변을 2배 하면 다음과 같이 됩니다.

$$\boxed{❷} \quad 2x + 3y = -11$$
$$\downarrow \text{2배} \downarrow \text{2배} \quad \downarrow \text{2배} \quad (2x + 3y) \times 2 = -11 \times 2$$
$$\boxed{❷ \times 2} \quad 4x + 6y = -22$$

❶에서 ❷의 양변을 2배 한 식을 빼면

$$\boxed{❶} \qquad 4x - 5y = 11$$
$$\boxed{❷ \times 2} \quad -)\ \ 4x + 6y = -22$$
$$\overline{\qquad\qquad\qquad}$$
$$-11y = 33 \quad \Large\rangle\normalsize \text{양변을}$$
$$y = -3 \qquad \text{-11로 나눔}$$

$y = -3$을 ❷의 식에 대입하면

$2x - 9 = -11$

$2x = -11 + 9$

$2x = -2$

$x = -1$

답 $\quad x = -1,\ y = -3$

(2) ❶의 양변을 3배 하고 ❷의 양변을 2배 하면 $+6y$와 $-6y$가 생기므로 가감법으로 풀 수 있습니다.

❶의 양변을 3배, ❷의 양변을 2배 하면 각각 다음과 같이 됩니다.

$$\boxed{❶} \quad 5x + 2y = 1 \qquad\qquad \boxed{❷} \quad -8x - 3y = -3$$
$$\downarrow \text{3배} \downarrow \text{3배} \downarrow \text{3배} \qquad\qquad \downarrow \text{2배} \downarrow \text{2배} \downarrow \text{2배}$$
$$\boxed{❶ \times 3} \quad 15x + 6y = 3 \qquad \boxed{❷ \times 2} \quad -16x - 6y = -6$$

❶의 양변을 3배 한 식과 ❷의 양변을 2배 한 식을 더하면

$$\boxed{❶ \times 3} \qquad\quad 15x + 6y = 3$$
$$\boxed{❷ \times 2} \quad +)\ \ -16x - 6y = -6$$
$$\overline{\qquad\qquad\qquad}$$
$$-x = -3 \quad \Large\rangle\normalsize \text{양변을}$$
$$x = 3 \qquad \text{-1로 나눈다.}$$

$x = 3$을 ❶ 식에 대입하면

$15 + 2y = 1 \rightarrow 2y = 1 - 15 \rightarrow$

$2y = -14 \rightarrow y = -7$

답 $\quad x = 3,\ y = -7$

이것이 핵심 포인트!

계산하기 쉬운 꼴로 만들어서 풀자!

연습문제 1 (2)에서는 y의 계수의 절댓값을 6으로 맞춰서 풀었지만, x의 계수의 절댓값을 40으로 맞춰서 풀 수도 있습니다. 이와 같이 40으로 맞춰서 풀 수도 있는데, 수가 커지면 풀기 어려워지겠지요. 그러므로 x와 y 중 어떤 계수에 맞추는 것이 계산하기 쉬운지 생각하여 풀도록 합니다.

$$\boxed{❶ \times 8} \qquad\quad 40x + 16y = 8$$
$$\boxed{❷ \times 5} \quad +)\ \ -40x - 15y = -15$$
$$\overline{\qquad\qquad\qquad}$$
$$y = -7$$

23 연립방정식 풀이법 ②

> **학습 포인트!**
>
> 가감법과 대입법 중에서 풀기 쉬운 쪽을 선택하여 풀자!

2 대입법이란?

대입법은 한쪽의 식을 나머지 한쪽의 식에 대입해서 문자를 제거하여 푸는 방법입니다.

예제 2　다음 연립방정식을 풀어 보세요.

(1)
$$\begin{cases} x = 3y - 8 \cdots\cdots ❶ \\ 2x + 5y = 6 \cdots\cdots ❷ \end{cases}$$

(2)
$$\begin{cases} 5x - 2y = -6 \cdots\cdots ❶ \\ x - 10 = 2y \cdots\cdots ❷ \end{cases}$$

해답

(1)　❶ 식을 ❷ 식에 대입한 후 x 를 제거하여 풉니다.

❶을 ❷에 대입하면

$$x = 3y - 8 \cdots\cdots ❶$$
괄호를 넣어서 대입
$$2(x) + 5y = 6 \cdots\cdots ❷$$

$$2(3y - 8) + 5y = 6$$
$$6y - 16 + 5y = 6$$　괄호를 푼다.
$$6y + 5y = 6 + 16 \rightarrow 11y = 22 \rightarrow y = 2$$

$y = 2$ 를 ❶ 식에 대입하면

$$x = 3 \times 2 - 8 = 6 - 8 = -2$$

답　　$x = -2, \ y = 2$

(2)　❷ 식을 ❶ 식에 대입한 후 y 를 제거하여 풉니다.

❷를 ❶에 대입하면

$$x - 10 = 2y \cdots\cdots ❷$$
괄호를 넣어서 대입
$$5x - (2y) = -6 \cdots\cdots ❶$$

$$5x - (x - 10) = -6$$
$$5x - x + 10 = -6$$　괄호를 푼다.
$$5x - x = -6 - 10 \rightarrow 4x = -16 \rightarrow x = -4$$

$x = -4$ 를 ❷ 식에 대입하면

$$2y = -4 - 10 = -14$$
$$y = -7$$

답　　$x = -4, \ y = -7$

3 다양한 연립방정식

가감법과 대입법으로 연립방정식을 푸는 방법에 대해서 살펴보았습니다.

이 방법을 사용해서 다양한 연립방정식을 풀어 보세요.

다음 연립방정식을 풀어 보세요.

(1) $\begin{cases} -2(2x + 7y) - 3y = 2 \cdots\cdots ❶ \\ x = -5y - 2 \cdots\cdots ❷ \end{cases}$ (2) $\begin{cases} 0.5x + 0.7y = -0.3 \cdots\cdots ❶ \\ \dfrac{5}{6}x + \dfrac{8}{9}y = 2 \cdots\cdots ❷ \end{cases}$

해답

(1) → 괄호를 포함한 연립방정식

❶ 식에서 괄호를 풀고 정리한 후,
대입법으로 풀면 됩니다.

❶ 식에서 괄호를 풀면

$-4x - 14y - 3y = 2$

$- 4x - 17y = 2 \cdots\cdots ❸$

❷를 ❸에 대입하면

$-4(-5y - 2) - 17y = 2$ ⟩ 괄호를 푼다.
$20y + 8 - 17y = 2$
$20y - 17y = 2 - 8 \rightarrow 3y = -6 \rightarrow y = -2$

$y = -2$를 ❷의 식에 대입하면

$x = - 5 \times (- 2) - 2 = 10 - 2 = 8$

답　　　$x = 8, \ y = -2$

(2) → 소수와 분수를 포함한 연립방정식

❶과 ❷의 계수를 정수의 식으로 고친 후,
가감법으로 풀면 됩니다.

❶의 양변을 10배 하면 다음과 같이 됩니다.

❶ ⟩ $0.5x + 0.7y = - 0.3$
　　　↓10배　↓10배　　↓10배
❶×10 ⟩ $5x + 7y = - 3$ ← 이 식을
　　　　　　　　　　　❸이라고 한다.

다음은 ❷의 양변에 6과 9의 최소공배수 18을
곱하여 분모를 제거합니다.

❷ ⟩ $\dfrac{5}{6}x + \dfrac{8}{9}y = 2$
　　　↓$\frac{5}{6}$×18=15　↓$\frac{8}{9}$×18=16　↓2×18=36
❷×18 ⟩ $15x + 16y = 36$ ← 이 식을
　　　　　　　　　　　❹라고 한다.

❸의 양변을 3배 한 식에서 ❹를 빼면

❸×3 ⟩ $15x + 21y = - 9$
❹ ⟩ $-) \ 15x + 16y = 36$
　　　　　　$5y = - 45$
　　　　　　$y = - 9$

$y = - 9$를 ❸ 식에 대입하면

$5x + 7 \times (- 9) = - 3$
$5x - 63 = - 3$
$5x = - 3 + 63 = 60$
$x = 12$

답　　$x = 12, \ y = -9$

🕊️ **이것이 핵심 포인트!**

가감법과 대입법 중에서 풀기 쉬운 쪽을 선택
해서 풀자!

연습문제 2 의 (1) 은 대입법으로 풀었지만, 다음과
같이 가감법을 사용해서 풀 수도 있습니다.

❶의 괄호를 풀어서 정리하면

$-4x - 17y = 2 \cdots\cdots ❸$

❷의 우변의 - 5y 를 좌변으로 이항하면

$x + 5y = - 2 \cdots\cdots ❹$

❸ + ❹×4 를 계산한다.

❸ 　　　　$- 4x - 17y = 2$
❹× 4　$+) \ 4x + 20y = - 8$
　　　　　　$3y = - 6$
　　　　　　$y = - 2$　(이하 동일)

이와 같이 대부분의 방정식은 대입법 또는 가감
법으로 풀 수 있습니다.
그러므로 어느 방법이 풀기 쉬운지를 생각하여
선택해서 풀면 됩니다.

24 연립방정식의 문장형 문제

학습
포인트!

연립방정식의 문장형 문제는 3단계로 풀자!

1 연립방정식의 문장형 문제(가격)

연립방정식의 문장형 문제
는 오른쪽과 같이 3단계로
풀면 됩니다.

> 단계 **1** 구하려는 값을 x 와 y 라고 한다.
> 단계 **2** 연립방정식(2개의 방정식)을 만든다.
> 단계 **3** 연립방정식을 푼다.

예제 1개에 300원인 푸딩과 1개에 200원인 슈크림을 합하여 11개를 샀을 때, 지불할 금액의
합계는 2,500원이 되었습니다. 푸딩과 슈크림을 각각 몇 개 샀을까요?

해답 3단계에 따라 다음과 같이 풀 수 있습니다.

단계 **1** 구하려는 값을 x 와 y 라고 한다.
푸딩을 x 개, 슈크림을 y 개 샀다고 한다.

단계 **2** 연립방정식(2개의 방정식)을 만든다.
푸딩(x 개)과 슈크림(y 개)을 합하여 11개를 샀으므로　$x+y=11\cdots$❶

1개에 300원인 푸딩 x 개의 값은 → $300 \times x = 300x$(원)

1개에 200원인 슈크림 y 개의 값은 → $200 \times y = 200y$(원)

이들을 합하면 2,500원이 되므로　$300x + 200y = 2500\cdots$❷

이에 따라 오른쪽의 연립방정식을 만들 수 있습니다.
$$\begin{cases} x + y = 11 \cdots\cdots ❶ \\ 300x + 200y = 2500 \cdots\cdots ❷ \end{cases}$$

단계 **3** 연립방정식을 푼다.

❷의 양변을
100으로 나누면
$3x+2y=25$
$\cdots\cdots$❸

※55쪽의
핵심 포인트
참조

❶ × 3 - ❸ 을 계산한다.

$$\begin{array}{rl} ❶ × 3 & 3x + 3y = 33 \\ ❸ \quad -) & 3x + 2y = 25 \\ \hline & \quad\quad y = 8 \end{array}$$

$y = 8$ 을 ❶에 대입하면
$x + 8 = 11 \rightarrow x = 11 - 8 = 3$

답　　　　푸딩 3개, 슈크림 8개

이것이 핵심 포인트!

양변을 나누어서 작은 숫자로 만든 후에 계산하자!

예제 의 연립방정식은 가감법에 의해 다음과 같이 풀 수도 있습니다.

┌─────────────────────┐
│ ❶×300 - ❷ 를 계산한다. │
└─────────────────────┘

❶×300 $300x + 300y = 3300$
❷ $-)\ 300x + 200y = 2500$
─────────────────────────────
            $100y = 800$
              $y = 8$

하지만 이렇게 풀면 숫자가 크기 때문에 틀리기 쉽고 시간도 많이 걸립니다.

예제 의 해답(※)에서는 ❷식의 양변을 100으로 나누어서 식을 간단하게 한 후 가감법으로 풀었습니다.

이렇게 하면 각각의 계수가 작은 숫자가 되어 계산하기 쉽게 됩니다.

이 방법을 익혀서 즐겁게 계산합시다. 다만 이 방법은 양변이 같은 수로 나누어질 수 있을 때만 사용할 수 있다는 것을 기억해 두세요.

2 연립방정식의 문장형 문제(속도)

✍ 연습문제

A를 출발하여 1400m 떨어진 B로 향합니다. 처음에는 분속 120m로 달리고, 중간부터는 분속 80m로 걸어서 총 15분이 걸렸습니다.

달린 거리와 걸은 거리는 각각 몇 m인지 답하세요.

해답

3단계에 따라 다음과 같이 풀 수 있습니다.

단계 1 구하려는 값을 x와 y라고 한다.
달린 거리를 xm, 걸은 거리를 ym라고 합니다.

단계 2 연립방정식(2개 방정식)을 만든다.
문제의 상황을 선분도로 나타내면 다음과 같이 됩니다.

먼저 거리에 주목하여 방정식을 만듭니다.
달린 거리(xm)와 걸은 거리(ym)의 합계는
1400m이므로 $x + y = 1400 \cdots$ ❶

다음은 시간에 주목하여 방정식을 만듭니다.
xm의 거리를 분속 120m로 달렸습니다.
'시간= 거리÷속도'이므로 달린 시간은
$$x \div 120 = \frac{x}{120} (분)$$

그리고 ym의 거리를 분속 80m로 걸었습니다.
'시간= 거리÷속도'이므로 걸은 시간은
$$y \div 80 = \frac{y}{80} (분)$$

달린 시간과 걸은 시간을 합치면 15분이 됩니다.
$$\frac{x}{120} + \frac{y}{80} = 15 \cdots ❷$$

이에 따라 오른쪽 연립방정식을 만들 수 있습니다.
$$\begin{cases} x + y = 1400 \cdots ❶ \\ \dfrac{x}{120} + \dfrac{y}{80} = 15 \cdots ❷ \end{cases}$$

단계 3 연립방정식을 푼다.

❷의 양변에 120과 80의 최소공배수 240을 곱하여 분모를 제거하면 $2x + 3y = 3600 \cdots$ ❸

┌─────────────────────┐
│ ❸ - ❶ × 2 를 계산한다. │
└─────────────────────┘

❸ $2x + 3y = 3600$
❶×2 $-)\ 2x + 2y = 2800$
─────────────────────────────
              $y = 800$

$y=800$을 ❶에 대입하면
$x + 800 = 1400$
$x = 1400 - 800 = 600$

답   달린 거리 **600m**, 걸은 거리 **800m**

25 일차 함수와 그래프

학습
포인트!

일차 함수 그래프는 3단계로 그리자!

1 일차 함수란?

x와 y를 오른쪽 식으로 나타낼 때,
'y는 x의 일차 함수'라고 말합니다.
이때 '$y = ax + b$'에서 a를 기울기, b를 절편이라고
합니다. 예를 들어 '$y = -2x - 3$'이라면 기울기는 -2,
절편은 -3이 됩니다.

> 일차 함수의 식 → $y = ax + b$

> $$y = \underset{\text{기울기}}{a}\,x + \underset{\text{절편}}{b}$$

2 일차 함수 그래프 그리는 법

일차 함수의 그래프는 다음과 같이 3단계로 그릴 수 있습니다.

> **단계 1** 일차 함수 $y = ax + b$ 의 그래프는 $(0, b)$ 를 지난다.
> 예를 들어, $y = 3x + 2$의 그래프는 $(0, 2)$를 지납니다.
> **단계 2** x 에 적당한 정수를 대입하여 직선이 지나는 (또 하나의) 점을 찾는다.
> **단계 3** 두 점을 직선으로 연결한다.

 이것이 핵심 포인트!

일차 함수 $y = ax + b$의 그래프가
$(0, b)$를 지나는 이유

위 **단계 1** 의 일차 함수 $y = ax + b$의 그래프가
$(0, b)$를 지나는 이유에 대해서 설명하겠습니다.
$y = ax + b$의 x에 0을 대입하면 다음과 같이 됩니다.
$y = a \times 0 + b = b$
그러므로 $y = ax + b$의 그래프는 $(0, b)$를 지나는 것이
고, 이는 그래프가 y축과 교차하는 점을 나타내고 있
습니다.

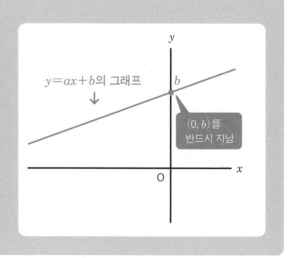

예제 $y = 2x - 4$의 그래프를 그리세요.

해답 $y = 2x - 4$의 그래프는 다음과 같이 3단계로 그릴 수 있습니다.

단계 1 일차 함수 $y = ax + b$의 그래프는 $(0, b)$를 지난다.
$y = 2x - 4$의 그래프는 $(0, -4)$를 지납니다.

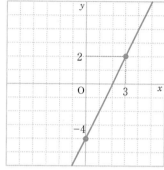

단계 2 x에 적당한 정수를 대입하여 직선이 지나는 (또 하나의) 점을 찾는다.
예를 들어, $y = 2x - 4$의 x에 3을 대입하면
$y = 2 \times 3 - 4 = 2$가 됩니다.
이것은 $y = 2x - 4$의 그래프가 $(3, 2)$를 지나는 것을 나타냅니다.

단계 3 두 점을 직선으로 연결한다.
앞의 2단계에서 구한 $(0, -4)$와 $(3, 2)$를 직선으로 연결하면
위와 같이 $y = 2x - 4$의 그래프를 그릴 수 있습니다.

🖋 연습문제

$y = -\dfrac{3}{4}x + 1$ 의 그래프를 그리세요.

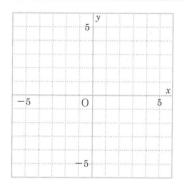

해답

$y = -\dfrac{3}{4}x + 1$의 그래프는 다음과 같이 3단계로 그릴 수 있습니다.

단계 1 일차 함수 $y = ax + b$의 그래프는 $(0, b)$를 지난다.
$y = -\dfrac{3}{4}x + 1$의 그래프는 $(0, 1)$을 지납니다.

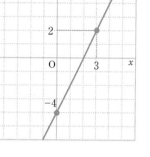

단계 2 x에 적당한 정수를 대입하여 직선이 지나는 (또 하나의) 점을 찾는다.
예를 들어, $y = -\dfrac{3}{4}x + 1$의 x에 4를 대입하면
$y = -\dfrac{3}{4} \times 4 + 1 = -3 + 1 = -2$가 됩니다.
이것은 $y = -\dfrac{3}{4}x + 1$의 그래프가 $(4, -2)$를 지나는 것을 나타냅니다.
※이 연습문제의 경우, y의 값을 정수로 만들기 위해 x에는 4의 배수를 대입합니다.

단계 3 두 점을 직선으로 연결한다.
앞의 2단계에서 구한 $(0, 1)$과 $(4, -2)$를 직선으로 연결하면 위와 같이 $y = -\dfrac{3}{4}x + 1$의 그래프를 그릴 수 있습니다.

26 일차 함수식을 구하는 법

일차 함수식을 $y = ax + b$ 라고 하고 풀어 보자!

일차 함수식을 구하는 문제를 풀어 보겠습니다 .

예제 1 그래프의 기울기가 -3이고, 점 (1, -5)를 지나는 일차 함수식을 구하세요.

해답

기울기가 -3 이므로 일차 함수는 $y = -3x + b$ 로 나타낼 수 있습니다.

이때 b를 알 수 있으면 일차 함수식을 구할 수 있습니다.

점 (1, - 5)를 지나므로 $y = -3x + b$에 $x = 1$, $y = -5$를 대입하면

$-5 = -3 \times 1 + b$

$-5 = -3 + b$

$b = -5 + 3 = -2$

따라서 일차 함수식은 $y = -3x - 2$

이것이 핵심 포인트!

그래프에서 직선식을 구하는 3단계

다음 [예제 2]와 같이 그래프에서 직선식을 구하는 문제를 3단계로 풀어 보세요.

단계 1 구하려는 일차 함수를 $y = ax + b$ 라고 한다.

단계 2 직선 그래프와 y축이 교차하는 점 $(0, b)$에서 b를 구한다.

단계 3 직선 그래프가 지나는 점을 찾고, 그 좌표를 대입하여 a를 구한다.

예제 2

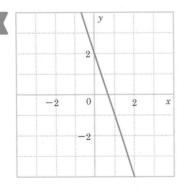

왼쪽 그림의 직선식을 구하세요.

해답

단계 1 구하려는 일차 함수를 '$y = ax + b$'라고 한다.

a와 b의 값을 알면 직선식을 구할 수 있습니다.

단계 2 직선 그래프와 y 축이 교차하는 점 $(0, b)$에서 b를 구한다.

직선 그래프와 y축이 교차하는 점은 $(0, 2)$이므로 b는 2입니다.

따라서 '$y = ax + 2$'로 나타낼 수 있습니다.

단계 3 직선 그래프가 지나는 점을 찾고, 그 좌표를 대입하여 a를 구한다.

직선 그래프를 보면 점 $(1, -1)$을 지나는 것을 알 수 있습니다.

그러므로 $x = 1$, $y = -1$을 '$y = ax + 2$'에 대입하면

$-1 = a \times 1 + 2$

$a = -1 - 2 = -3$

$a = -3$으로 구할 수 있으므로, 직선식은 $\underline{y = -3x + 2}$

이것이 핵심 포인트!

두 점의 좌표에서 직선식을 구하는 3단계

[예제 3]과 같이 두 점의 좌표에서 직선식을 구하는 문제는 다음과 같이 3단계로 풀면 됩니다.

단계 1 구하려는 일차 함수를 '$y = ax + b$'라고 한다.
단계 2 두 점의 좌표를 각각 '$y = ax + b$'에 대입하여 연립방정식을 만든다.
단계 3 연립방정식을 풀어서 직선식을 구한다.

예제 3 y는 x의 일차 함수이고, 그래프는 두 점 $(-1, -5)$, $(2, 7)$을 지납니다. 이때, 일차 함수식을 구하세요.

해답

단계 1 구하려는 일차 함수를 '$y = ax + b$'라고 한다.

a와 b의 값을 알면 직선식을 구할 수 있습니다.

단계 2 두 점의 좌표를 각각 '$y = ax + b$'에 대입하여 연립방정식을 만든다.

$(-1, -5)$를 지나므로 $x = -1$, $y = -5$를 '$y = ax + b$'에 대입하면

$-5 = -a + b$ ⋯①

$(2, 7)$을 지나므로 $x = 2$, $y = 7$을 '$y = ax + b$'에 대입하면

$7 = 2a + b$ ⋯②

단계 3 연립방정식을 풀어서 직선식을 구한다.

①과 ②의 연립방정식을 풀면

$a = 4$, $b = -1$

따라서 직선식은 $\underline{y = 4x - 1}$

27 교점 좌표를 구하는 법

두 직선의 교점 좌표는 연립방정식을 풀어서 구하자!

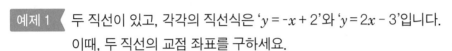

예제 1 두 직선이 있고, 각각의 직선식은 '$y = -x + 2$'와 '$y = 2x - 3$'입니다.
이때, 두 직선의 교점 좌표를 구하세요.

해답

두 직선식 '$y = -x + 2$'와 '$y = 2x - 3$'을 다음과 같이 연립방정식으로 만들어 풀어 보세요.
구해진 x와 y의 값이 교점 좌표입니다.

$$\begin{cases} y = -x + 2 \cdots\cdots① \\ y = 2x - 3 \cdots\cdots② \end{cases}$$

대입법으로 풀어 보세요.
① 식은 '$y = -x + 2$'이므로, ② 식의 y에 '$-x + 2$'를 대입하면

$-x + 2 = 2x - 3$

$-x - 2x = -3 - 2$

$-3x = -5$

$x = \dfrac{5}{3}$

$x = \dfrac{5}{3}$ 를 ① 식에 대입하면
$y = -\dfrac{5}{3} + 2 = \dfrac{1}{3}$
답 $\left(\dfrac{5}{3}, \dfrac{1}{3} \right)$

이것이 핵심 포인트!

그래프에서 두 직선의 교점 좌표를 구하는 2단계

오른쪽의 [예제 2]와 같이 그래프에서 두 직선의 교점 좌표를 구하는 문제는 2단계로 풀어 보세요.

단계 1 두 직선식을 각각 구한다.
단계 2 두 직선식의 연립방정식을 풀어서 교점 좌표를 구한다.

예제 2

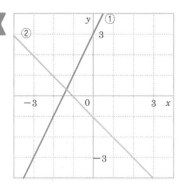

왼쪽 그림에서 직선 ①과 직선 ②의 교점 좌표를 구하세요.

해답

단계 1 두 직선식을 각각 구한다.

①의 직선은 점 (0, 3)을 지나므로 '$y = ax + 3$'이라고 할 수 있습니다.

①의 직선은 점 (-2, -1)을 지납니다.

그러므로 $x = -2$, $y = -1$을 '$y = ax + 3$'에 대입하면

$-1 = -2a + 3$

이것을 풀면 $a = 2$, 따라서 ①의 직선식은 $y = 2x + 3$

②의 직선은 점 (0, -1)을 지나므로 '$y = ax - 1$'이라고 할 수 있습니다.

②의 직선은 점 (1, -2)를 지납니다.

그러므로 $x = 1$, $y = -2$를 '$y = ax - 1$'에 대입하면

$-2 = a - 1$

이것을 풀면 $a = -1$, 따라서 ②의 직선식은 $y = -x - 1$

단계 2 두 직선식의 연립방정식을 풀어서 교점 좌표를 구한다.

단계 1 에서 다음 연립방정식을 만들 수 있습니다.

$$\begin{cases} y = 2x + 3 \cdots\cdots ① \\ y = -x - 1 \cdots\cdots ② \end{cases}$$

①을 ②에 대입하면

$2x + 3 = -x - 1 \rightarrow 2x + x = -1 - 3 \rightarrow 3x = -4 \rightarrow x = -\dfrac{4}{3}$

$x = -\dfrac{4}{3}$ 를 ①에 대입하면

$y = 2 \times \left(-\dfrac{4}{3}\right) + 3 = -\dfrac{8}{3} + 3 = \dfrac{1}{3}$ 　　　답 $\left(-\dfrac{4}{3},\ \dfrac{1}{3}\right)$

예제 의 풀이법을 이해한 후, 해답을 가리고 혼자 힘으로 풀어 보세요.

PART 6
일차 함수

28 제곱근과 실수

정수에는 제곱근이 2개 있다는 것을 알아 두자!

1 제곱근이란?

제곱을 하면 a가 되는 수를 a의 '제곱근'이라고 합니다.

예를 들어, 5를 제곱하면 $5^2 = 25$가 됩니다.

또한 -5를 제곱해도 $(-5)^2 = 25$가 됩니다.

그러므로 25의 제곱근은 5와 -5입니다.

$$5와 \ \text{-}5 \quad \xrightarrow{\text{제곱하면}} \quad 25$$
$$\xleftarrow{\text{제곱근}}$$

이와 같이 양수에는 제곱근이 2개 있으며, 절댓값이 같고 부호가 다릅니다.

예를 들면, 25의 제곱근 5와 -5는 절댓값이 같은 5이고, 부호가 다릅니다.

예제 1 다음 수의 제곱근을 답하세요.

(1) 64 (2) $\dfrac{36}{49}$ (3) 0

해답

(1) $8^2 = 64$, $(-8)^2 = 64$ 이므로, 64의 제곱근은 **8과 -8**

(2) $\left(\dfrac{6}{7}\right)^2 = \dfrac{36}{49}$, $\left(-\dfrac{6}{7}\right)^2 = \dfrac{36}{49}$ 이므로, $\dfrac{36}{49}$ 의 제곱근은 **$\dfrac{6}{7}$과 $-\dfrac{6}{7}$**

(3) $0^2 = 0$ 이므로, 0의 제곱근은 **0**

예제 1 (3)에서 알 수 있는 것처럼 0의 제곱근은 0뿐입니다.

또한 어떤 수를 제곱해도 음수가 되는 일은 없으므로, 음수의 제곱근은 없습니다.

2 √ (근호) 사용법

a를 양수라고 하면, a의 제곱근은 양의 제곱근과 음의 제곱근 2개가 있습니다.

a의 2개 제곱근 중에서

양의 제곱근을 $\sqrt{a}$ (읽는 법은 루트 a)

음의 제곱근을 $-\sqrt{a}$ (읽는 법은 마이너스 루트 a)

로 나타냅니다.

√ 는 '근호'라고 하고, '루트'라고 읽습니다.

$\sqrt{a}$ 와 $-\sqrt{a}$ 를 합쳐서 $\pm\sqrt{a}$ 로 나타낼 수도 있습니다. (읽는 법은 플러스 마이너스 루트 a)

예제 2   다음 수의 제곱근을 답하세요. 필요하면 근호를 사용하여 나타내세요.

(1) 2   (2) 4

해답

(1) 2의 제곱근은 $\sqrt{2}$ 와 $-\sqrt{2}$ (또는 $\pm\sqrt{2}$)

(2) 4의 제곱근은 2와 -2 (또는 ±2)

이것이 핵심 포인트!

√ 를 사용하지 않고 나타낼 수 있을 때는 √ 를 사용하지 않도록 하세요!

예제 2 (2)에서 4의 제곱근을 $\sqrt{4}$ 와 $-\sqrt{4}$ (또는 $\pm\sqrt{4}$)라고 답하면 틀리므로 주의해야 합니다.
왜냐하면 4의 제곱근은 근호(√)를 사용하지 않아도 2와 -2(또는 ±2)와 같이 정수로 나타낼 수 있기 때문입니다. √ 안의 수가 어떤 수의 제곱이 될 때는 이와 같이 √ 를 사용하지 않고 나타낼 수 있습니다. 예를 들면 $\sqrt{4}$ 의 경우는 4가 '2의 제곱'이므로 '$\sqrt{4}=2$'로 나타낼 수 있습니다.
√ 를 사용하지 않고 나타낼 수 있을 때는 √ 를 사용하지 않고 답하도록 하세요.

연습문제

다음 수의 제곱근을 답하세요. 필요하면 근호를 사용하여 나타내세요.

(1) 100   (2) 10   (3) 3.6   (4) 0.09   (5) $\dfrac{2}{3}$

해답

(1) 100의 제곱근은 10과 -10(또는 ±10)

(2) 10의 제곱근은 $\sqrt{10}$ 과 $-\sqrt{10}$ (또는 $\pm\sqrt{10}$)

(3) 3.6의 제곱근은 $\sqrt{3.6}$ 과 $-\sqrt{3.6}$ (또는 $\pm\sqrt{3.6}$)

(4) 0.09의 제곱근은 0.3과 -0.3(또는 ±0.3)

(5) $\dfrac{2}{3}$ 의 제곱근은 $\sqrt{\dfrac{2}{3}}$ 와 $-\sqrt{\dfrac{2}{3}}$ (또는 $\pm\sqrt{\dfrac{2}{3}}$)

29 근호를 사용하지 않고 나타내기

학습 포인트!

$(\sqrt{a})^2$ 과 $(-\sqrt{a})^2$ 은 모두 a 가 된다는 사실을 알아 두자!

예를 들면 $\sqrt{36}$ 은 36의 양의 제곱근을 나타내므로 $\sqrt{36}$ = 6입니다.

$-\sqrt{36}$ 은 36의 음의 제곱근을 나타내므로 $-\sqrt{36}$ = - 6입니다.

이와 같이 근호($\sqrt{}$)를 사용하지 않고 나타낼 수 있는 경우가 있습니다.

| 예제 1 | 다음 수를 근호를 사용하지 않고 나타내세요. |

(1) $\sqrt{9}$　　　　　(2) $-\sqrt{16}$

해답

(1) $\sqrt{9}$ 는 9의 양의 제곱근이므로 $\sqrt{9}$ = **3**

(2) $-\sqrt{16}$ 은 16의 음의 제곱근이므로 $-\sqrt{16}$ = **- 4**

✍ 연습문제 1

다음 수를 근호를 사용하지 않고 나타내세요.

(1) $\sqrt{81}$　　(2) $-\sqrt{25}$　　(3) $\sqrt{0.64}$　　(4) $-\sqrt{\dfrac{49}{100}}$

해답

(1) $\sqrt{81}$ 은 81의 양의 제곱근이므로 $\sqrt{81}$ = 9

(2) $-\sqrt{25}$ 는 25의 음의 제곱근이므로 $-\sqrt{25}$ = - 5

(3) $\sqrt{0.64}$ 는 0.64의 양의 제곱근이므로 $\sqrt{0.64}$ = 0.8

(4) $-\sqrt{\dfrac{49}{100}}$ 는 $\sqrt{\dfrac{49}{100}}$ 의 음의 제곱근이므로 $-\sqrt{\dfrac{49}{100}}$ = $-\dfrac{7}{10}$

제곱근의 2가지 식을 알아 두자!

예를 들어, 7의 제곱근은 $\sqrt{7}$ 과 $-\sqrt{7}$ 입니다.
즉 $\sqrt{7}$ 과 $-\sqrt{7}$ 은 제곱을 하면 모두 7이 됩니다.

$$(\sqrt{7})^2 = 7 \qquad (-\sqrt{7})^2 = 7$$

이 예에서 다음 식이 성립됨을 알 수 있습니다.

$$(\sqrt{a})^2 = a \qquad (-\sqrt{a})^2 = a$$

$$\sqrt{a} \text{ 와 } -\sqrt{a} \quad \xrightarrow{\text{제곱하면}} \quad a$$
$$\xleftarrow{\text{제곱근}}$$

예제 2 다음 수를 근호를 사용하지 않고 나타내세요.

(1) $(\sqrt{3})^2$ (2) $(-\sqrt{21})^2$

해답

(1) $(\sqrt{a})^2 = a$의 공식에서 $(\sqrt{3})^2 = \underset{\sim}{3}$

(2) $(-\sqrt{a})^2 = a$의 공식에서 $(-\sqrt{21})^2 = \underset{\sim}{21}$

🖊 연습문제 2

다음 수를 근호를 사용하지 않고 나타내세요.

(1) $(\sqrt{19})^2$ (2) $(-\sqrt{7})^2$ (3) $-(-\sqrt{11})^2$ (4) $\left(-\sqrt{\dfrac{3}{7}}\right)^2$

해답

(1) $(\sqrt{a})^2 = a$의 공식에서 $(\sqrt{19})^2 = \underset{\sim}{19}$

(2) $(-\sqrt{a})^2 = a$의 공식에서 $(-\sqrt{7})^2 = \underset{\sim}{7}$

(3) $(-\sqrt{a})^2 = a$의 공식에서 $-(-\sqrt{11})^2 = \underset{\sim}{-11}$

(4) $(-\sqrt{a})^2 = a$의 공식에서 $\left(-\sqrt{\dfrac{3}{7}}\right)^2 = \underset{\sim}{\dfrac{3}{7}}$

※ (3)에서 $(-\sqrt{11})^2 = 11$이므로
그것에 - (마이너스)를 붙여서 -11이 됩니다.

더 알고 싶은 수학 이야기 〰 **제곱근을 소수로 고치면…?**

예를 들어 $\sqrt{2}$ 를 소수로 고치면 1.41421356…과 같
이 불규칙하고 무한히 계속되는 소수가 됩니다.
$\sqrt{2}, \sqrt{3}, \sqrt{5}$ 를 소수로 고쳤을 때의 (대략적인) 값은
자신만의 특별한 방법으로 기억해 두세요.
알아 두면 풀 수 있는 문제가 출제되기 때문입니다.

〈제곱근의 대략 값을 기억해 두세요!〉

$\sqrt{2} = 1.41421356\cdots$ 【자신만의 기억법을 만들자】

$\sqrt{3} = 1.7320508\cdots$ 【자신만의 기억법을 만들자】

$\sqrt{5} = 2.2360679\cdots$ 【자신만의 기억법을 만들자】

30 제곱근의 곱셈과 나눗셈

학습 포인트!

제곱근의 곱셈과 나눗셈 공식을 알아 두자!

1 제곱근의 곱셈

제곱근의 곱셈은 오른쪽 공식을 이용하여 계산합니다.

$$\sqrt{a} \times \sqrt{b} = \sqrt{ab}$$

예제 1 다음을 계산하세요.

$\sqrt{3} \times \sqrt{5} =$

해답

$\sqrt{3} \times \sqrt{5} = \sqrt{3 \times 5} = \sqrt{15}$

🖐 연습문제 1

다음을 계산하세요.

(1) $\sqrt{17} \times \sqrt{3} =$ (2) $-\sqrt{18} \times \sqrt{2} =$

해답

(1) $\sqrt{17} \times \sqrt{3} = \sqrt{17 \times 3} = \sqrt{51}$

(2) $-\sqrt{18} \times \sqrt{2} = -\sqrt{18 \times 2} = -\sqrt{36} = -6$

$36 = 6^2$ 이므로 정수로 고친다.

이것이 핵심 포인트!

$a \times \sqrt{b} = a\sqrt{b}$ 라는 사실을 알아 두자!

예를 들면 '$3 \times \sqrt{2}$ '나 '$\sqrt{2} \times 3$'에서는 곱셈 부호(×)를 생략하고 '$3\sqrt{2}$ '라고 쓸 수 있습니다. ('$\sqrt{2}\,3$'으로 쓰지 않습니다.)

$a\sqrt{b}$ 와 같은 형태가 나오면 a와 $\sqrt{b}$ 사이에 곱셈 부호(×)가 생략되어 있다는 사실을 알아 두세요.

2 제곱근의 나눗셈

제곱근의 나눗셈은 오른쪽 공식을 이용해서 계산합니다.

$$\sqrt{a} \div \sqrt{b} = \frac{\sqrt{a}}{\sqrt{b}} = \sqrt{\frac{a}{b}}$$

예제 2 다음을 계산하세요.

$$\sqrt{21} \div \sqrt{3} =$$

해답

$$\sqrt{21} \div \sqrt{3} = \frac{\sqrt{21}}{\sqrt{3}} = \sqrt{\frac{21}{3}} = \sqrt{7}$$

✍ **연습문제 2**

다음을 계산하세요.

(1) $\sqrt{55} \div \sqrt{5} =$　　　　(2) $\sqrt{8} \div (-\sqrt{2}) =$

해답

(1) $\sqrt{55} \div \sqrt{5} = \dfrac{\sqrt{55}}{\sqrt{5}} = \sqrt{\dfrac{55}{5}} = \sqrt{11}$

(2) $\sqrt{8} \div (-\sqrt{2}) = -\dfrac{\sqrt{8}}{\sqrt{2}} = -\sqrt{\dfrac{8}{2}} = -\sqrt{4} = -2$

　　　　$4 = 2^2$ 이므로 정수로 고친다.

3 $a\sqrt{b}$ 와 분수 형태로부터의 변형

🐟 **이것이 핵심 포인트!** 에서 설명한 것처럼 $a\sqrt{b} = a \times \sqrt{b}$ 입니다.
이것을 더 변형하면 다음과 같이 됩니다.

$$a\sqrt{b} = a \times \sqrt{b} = \sqrt{a^2} \times \sqrt{b} = \sqrt{a^2 b}$$

a를 $\sqrt{a^2}$으로 변형

$$a\sqrt{b} = \sqrt{a^2 b}$$

a를 제곱하여 $\sqrt{}$ 안에 넣는다.

이것에 의해 오른쪽과 같은 식이 성립됩니다.

예제 3 다음 수를 $\sqrt{a}$ 의 형태로 나타내세요.

(1) $3\sqrt{5}$　　　　　　　　　　(2) $\dfrac{\sqrt{24}}{2}$

해답

(1) 　$3\sqrt{5}$　　　3을 제곱하여 $\sqrt{}$ 안에 넣는다.
　$= \sqrt{3^2 \times 5}$　$(a\sqrt{b} = \sqrt{a^2 b})$
　$= \sqrt{9 \times 5} = \sqrt{45}$

(2) 　$\dfrac{\sqrt{24}}{2}$　　　$2 = \sqrt{4}$ 로 변형
　$= \dfrac{\sqrt{24}}{\sqrt{4}}$　　$\dfrac{\sqrt{a}}{\sqrt{b}} = \sqrt{\dfrac{a}{b}}$
　$= \sqrt{\dfrac{24}{4}}$　　약분한다.
　$= \sqrt{6}$

예제 의 풀이법을 이해했다면 해답을 가리고 혼자 힘으로 풀어 보세요.

31 소인수분해

소수를 차례로 나누어 **소인수분해** 하자!

1 소수란?

예를 들면, 2의 약수는 1과 2뿐입니다. 또한 5의 약수는 1과 5뿐입니다.

2와 5처럼 1과 그 수 자신 밖에 약수가 없는 수를 '소수'라고 합니다.

바꿔 말하면, 약수가 2개 밖에 없는 수를 '소수'라고 할 수 있습니다.

1은 약수가 1뿐이므로 소수가 아닙니다.

예를 들면, 1에서 20까지 수 중에서 소수는 2, 3, 5, 7, 11, 13, 17, 19 모두 8개입니다.

2 소인수분해란?

자연수를 소수 만의 곱으로 나타내는 것을 '소인수분해'라고 합니다.

예를 들어, 15는 '15=3×5'와 같이 소수의 곱으로 나타낼 수 있는데 이것이 소인수분해입니다.

예제 ⟨ 90을 소인수분해 하세요.

해답 ⟨ 다음과 같은 순서로 소인수분해 하세요.

① 90을 나누어떨어지는 소수를 찾습니다. 90은 소수 2로 나누어떨어지므로, 오른쪽과 같이 90을 2로 나누세요.

$$2\,\overline{)\,90}$$
$$45 \leftarrow 90 \div 2의\ 답$$

② 45를 나누어떨어지는 소수를 찾습니다. 45는 소수 3으로 나누어떨어지므로, 오른쪽과 같이 45를 3으로 나누세요.

$$2\,\overline{)\,90}$$
$$3\,\overline{)\,45}$$
$$15 \leftarrow 45 \div 3의\ 답$$

③ 15를 나누어떨어지는 소수를 찾습니다. 15는 소수 3으로
나누어떨어지므로 오른쪽과 같이 15를 3으로 나누세요.
몫(나눗셈의 답)인 5는 소수이므로 여기에서 나누는 것을
멈춥니다. 이와 같이 몫에 소수가 나오면 나누는 것을 멈
추세요.

$$
\begin{array}{r}
2\,)\,\underline{90} \\
3\,)\,\underline{45} \\
3\,)\,\underline{15} \\
5 \quad \leftarrow 15\div3\text{의 답}
\end{array}
$$

> 5는 소수이므로
> 여기에서 멈춘다!

④ 이것으로 원래 수 90을 L 자 형으로 나란히 열거된 소수
의 곱으로 분해되었습니다 . 즉 90을 소인수분해 한 것입
니다 .

$$
\begin{array}{r}
2\,)\,90 \\
3\,)\,45 \\
3\,)\,15 \\
5
\end{array}
\longrightarrow 90 = \boxed{2\times3\times3\times5}
$$

$$
= 2\times3^2\times5
$$

↑
답

> L자 형으로 소
> 수가 나열된다.

이것이 핵심 포인트!

어떤 순서로 나누어도 답은 같다!

예제 의 해설에서는 90을 소인수분해할 때 2,
3, 3, 5와 같이 작은 소수 순으로 나누어 나갔습
니다.
그러나 다음과 같이 다른 순서로 나누어도 답은
같습니다.

$$
\begin{array}{r}
5\,)\,\underline{90} \\
3\,)\,\underline{18} \\
2\,)\,\underline{6} \\
3
\end{array}
\longrightarrow 90 = \boxed{5\times3\times2\times3}
$$

$$
= 2\times3^2\times5 \quad \leftarrow \text{답은 같다!}
$$

즉 어떤 순서로 나누어도 답은 같습니다. 다만,
작은 소수 순으로 나누는 것이 나눌 수 있는 소
수를 찾기 쉽습니다. 따라서 가능하면 작은 소수
순서로 나누세요.
※ 이번에 배운 '소인수분해'와 다음에 배울 '인수분해'
는 다른 것이므로 혼동하지 않도록 주의하세요.

🖊 **연습문제**

다음 수를 소인수분해 하세요.

(1) 108　　　　(2) 560

해답

(1)
$$
\begin{array}{r}
2\,)\,\underline{108} \\
2\,)\,\underline{54} \\
3\,)\,\underline{27} \\
3\,)\,\underline{9} \\
3
\end{array}
\longrightarrow 108 = \boxed{2\times2\times3\times3\times3}
$$
$$
= 2^2\times3^3
$$

(2)
$$
\begin{array}{r}
2\,)\,\underline{560} \\
2\,)\,\underline{280} \\
2\,)\,\underline{140} \\
2\,)\,\underline{70} \\
5\,)\,\underline{35} \\
7
\end{array}
\longrightarrow 560 = \boxed{2\times2\times2\times2\times5\times7}
$$
$$
= 2^4\times5\times7
$$

32 $a\sqrt{b}$ 에 관한 계산

학습 포인트!

√ 안의 제곱인 수는 제곱을 제거하고 √ 밖으로 꺼내자!

1 $a\sqrt{b}$ 형태로의 변형

다음 식이 성립하는 것은 67쪽에서 이미 설명했습니다.

$$a\sqrt{b} = \sqrt{a^2 b}$$

위 식의 양변을 바꿔 넣은 다음 식도 성립합니다.

$$\sqrt{a^2 b} = a\sqrt{b}$$

제곱을 제거하고 √ 밖으로 꺼낸다.

즉 √ 안의 제곱인 수는 제곱을 제거하고 √ 밖으로 꺼낼 수 있다는 식입니다.

이 식을 사용하여 다음 예제를 풀어 보세요.

예제 1 다음 수를 $a\sqrt{b}$ 형태로 나타내세요.

(1) $\sqrt{12}$　　　　　(2) $\sqrt{180}$

해답

(1) $\sqrt{12}$
$= \sqrt{2^2 \times 3}$　　12를 소인수분해 한다.
$= 2\sqrt{3}$　　2를 제곱을 제거하고 √ 밖으로 꺼낸다.
　　　　($\sqrt{a^2 b} = a\sqrt{b}$)

(2) $\sqrt{180}$
$= \sqrt{2 \times 2 \times 3 \times 3 \times 5}$　　180을 소인수분해 한다.
$= \sqrt{2 \times 3 \times 2 \times 3 \times 5}$　　수의 위치를 바꾼다.
　　　6　　　6
$= \sqrt{6^2 \times 5}$
$= 6\sqrt{5}$　　6을 제곱을 제거하고 √ 밖으로 꺼낸다.
　　　　($\sqrt{a^2 b} = a\sqrt{b}$)

$a\sqrt{b}$의 b는 가능하면 작은 수로 하자!

예제 1 (2)에서는 다음과 같이 2만 √ 밖으로 꺼 낼 수 있습니다.

$\sqrt{180}$
$=\sqrt{2^2\times 45}$ ⟩ 2를 √ 밖으로 꺼낸다.
$=2\sqrt{45}$

이에 따라 $\sqrt{180}=2\sqrt{45}$ 와 같이 $a\sqrt{b}$ 형태로

나타낼 수 있었습니다. 하지만 시험에서 이대로 답하면 오답이 되어 버립니다. 왜냐하면 $a\sqrt{b}$ 의 b는 가능하면 작은 수로 만든다는 규칙이 있기 때문입니다. 예제 1 (2)의 해설과 같이 $\sqrt{180}$ = $6\sqrt{5}$로 변형하여 b를 가능하면 작은 수로 만들 어 답하도록 하세요.

2 답이 $a\sqrt{b}$가 되는 계산

답이 $a\sqrt{b}$가 되는 곱셈에 대해 살펴보겠습니다.
곱하기 전에 소인수분해 하는 것이 포인트입니다.

예제 2 다음을 계산하세요 .

(1) $\sqrt{28}\times\sqrt{18}=$ (2) $\sqrt{15}\times\sqrt{10}=$ (3) $4\sqrt{6}\times 3\sqrt{15}=$

해답

(1) $\sqrt{28}\times\sqrt{18}$
$=2\sqrt{7}\times 3\sqrt{2}$
$=2\times 3\times\sqrt{7}\times\sqrt{2}$
$=\mathbf{6}\sqrt{\mathbf{14}}$

곱하기 전에 28과 18을 소인수분해 하여 모두 $a\sqrt{b}$ 형태로 만든다.
수의 위치를 바꾼다.
√ 의 바깥과 √ 의 안을 분리하여 각각 곱한다.

(2) $\sqrt{15}\times\sqrt{10}$
$=\sqrt{3\times 5}\times\sqrt{2\times 5}$
$=\sqrt{3\times 5\times 2\times 5}$
$=\sqrt{5^2\times 6}$
$=\mathbf{5}\sqrt{\mathbf{6}}$

곱하기 전에 15와 10을 소인수분해 한다.
5를 √ 밖으로 꺼낸다.

※ (1)은
$\sqrt{28}\times\sqrt{18}=\sqrt{28\times 18}=\sqrt{504}=\sqrt{6^2\times 14}=6\sqrt{14}$
와 같이 먼저 '28×18'을 곱하더라도 구할 수는 있습니다.
그러나 이 경우 $\sqrt{504}$에서 $6\sqrt{14}$로 변형하는 것이 힘들어집니다.
그러므로 곱하기 전에 소인수분해를 하면 계산이 쉬워집니다.

(3) $4\sqrt{6}\times 3\sqrt{15}$
$=4\sqrt{2\times 3}\times 3\sqrt{3\times 5}$
$=4\times 3\times\sqrt{2\times 3\times 3\times 5}$
$=12\times\sqrt{3^2\times 10}$
$=12\times 3\sqrt{10}$
$=\mathbf{36}\sqrt{\mathbf{10}}$

곱하기 전에 6과 15를 소인수분해 한다.
3을 √ 밖으로 꺼낸다.
($\sqrt{a^2b}=a\sqrt{b}$)

예제 의 풀이법을 이해했다면 해설을 가 리고 혼자 힘으로 풀어 보세요.

33 분모의 유리화

분모가 $k\sqrt{a}$ 일 때 분모와 분자에 $\sqrt{a}$ 를 곱하여 유리화 하자!

1 분모의 유리화란?

분모의 근호($\sqrt{}$)가 없는 형태로 변형하는 것을 '분모의 유리화'라고 합니다.

분모가 $\sqrt{a}$ 와 $k\sqrt{a}$ 일 때 분모와 분자에 $\sqrt{a}$ 를 곱하면 분모를 유리화할 수 있습니다.

예제 ▷ 다음 수의 분모를 유리화 하세요.

(1) $\dfrac{\sqrt{3}}{\sqrt{5}}$ (2) $\dfrac{2}{3\sqrt{2}}$ (3) $\dfrac{14}{\sqrt{63}}$

해답

(1)

$$\frac{\sqrt{3}}{\sqrt{5}} = \frac{\sqrt{3} \times \sqrt{5}}{\sqrt{5} \times \sqrt{5}} = \frac{\sqrt{15}}{(\sqrt{5})^2} = \frac{\sqrt{15}}{5}$$

분모와 분자에 $\sqrt{5}$ 를 곱한다. $(\sqrt{a})^2 = a$

(2)

$$\frac{2}{3\sqrt{2}} = \frac{2 \times \sqrt{2}}{3\sqrt{2} \times \sqrt{2}} = \frac{2 \times \sqrt{2}}{3 \times (\sqrt{2})^2} = \frac{\overset{1}{2} \times \sqrt{2}}{3 \times \underset{1}{2}} = \frac{\sqrt{2}}{3}$$

분모와 분자에 $\sqrt{2}$ 를 곱한다. 약분한다.

(3)

$$\frac{14}{\sqrt{63}} = \frac{14}{3\sqrt{7}} = \frac{14 \times \sqrt{7}}{3\sqrt{7} \times \sqrt{7}} = \frac{\overset{2}{14} \times \sqrt{7}}{3 \times \underset{1}{7}} = \frac{2\sqrt{7}}{3}$$

$a\sqrt{b}$ 형태로 만든다.   분모와 분자에 $\sqrt{7}$ 을 곱한다.   약분한다.

$a\sqrt{b}$의 형태로 만든 다음 유리화 하자!

예제 (3)의 해설에서는 분모의 $\sqrt{63}$ 을 $3\sqrt{7}$ ($a\sqrt{b}$의 형태)로 만든 다음, 분모와 분자에 $\sqrt{7}$ 을 곱하여 유리화 하였습니다.

한편, 다음과 같이 분모와 분자에 $\sqrt{63}$ 을 곱하여 유리화할 수도 있습니다.

이 경우, 도중식에 나오는 수가 커지게 됩니다. 그러므로 분모를 $a\sqrt{b}$의 형태로 만든 후 유리화 하는 풀이법을 권합니다.

$$\frac{14}{\sqrt{63}} = \frac{14 \times \sqrt{63}}{\sqrt{63} \times \sqrt{63}} = \frac{14 \times \sqrt{3^2 \times 7}}{(\sqrt{63})^2} = \frac{\overset{2}{14} \times \overset{1}{3} \times \sqrt{7}}{\underset{3}{63}} = \frac{2\sqrt{7}}{3}$$

분모와 분자에 $\sqrt{63}$ 을 곱한다.   약분한다.

2 유리화가 필요한 제곱근의 나눗셈

유리화가 필요한 제곱근의 나눗셈 연습을 해보겠습니다.

나눗셈뿐만 아니라 모든 계산에 있어서 분모에 $\sqrt{}$ 가 포함되는 경우는 분모를 유리화 하여 답해야 합니다.

분모에 $\sqrt{}$ 를 포함한 채 답하면 틀리게 되므로 주의가 필요합니다.

연습문제

다음을 계산하세요.

(1) $\sqrt{3} \div \sqrt{2} =$ (2) $-\sqrt{5} \div 2\sqrt{6} =$

해답

(1)
$$\sqrt{3} \div \sqrt{2} = \frac{\sqrt{3}}{\sqrt{2}} = \frac{\sqrt{3} \times \sqrt{2}}{\sqrt{2} \times \sqrt{2}} = \frac{\sqrt{6}}{2}$$

분모와 분자에 $\sqrt{2}$ 를 곱하여 유리화

(2)
$$-\sqrt{5} \div 2\sqrt{6} = -\frac{\sqrt{5}}{2\sqrt{6}} = -\frac{\sqrt{5} \times \sqrt{6}}{2\sqrt{6} \times \sqrt{6}} = -\frac{\sqrt{30}}{12}$$

분모와 분자에 $\sqrt{6}$ 을 곱하여 유리화

더 알고 싶은
수학 이야기 무리수의 존재를 숨긴 피타고라스

x를 정수, y를 0이 아닌 정수라고 할 때, 분수 $\frac{x}{y}$로 나타내는 수를 '유리수'라고 합니다. 다시 말하면 분모와 분자가 정수의 분수로 나타낼 수 있는 수를 '유리수'라고 하고, 그와 같이 나타낼 수 없는 수를 '무리수'라고 합니다.

$\sqrt{2}$와 $\sqrt{3}$, 원주율(π) 등은 분수 $\frac{x}{y}$로 나타낼 수 없으므로 무리수입니다. 피타고라스의 정리(114쪽)로 유명한 피타고라스는 무리수의 존재를 인정하지 않고 제자에게도 그 존재를 비밀로 하도록 전했습니다. 왜냐하면 '모든 수는 분수로 표현할 수 있다'고 생각했기 때문입니다. 그 때문에 무리수의 존재를 입 밖으로 꺼낸 제자를 바다에 빠뜨렸다는 이야기가 전합니다.

34 제곱근의 덧셈과 뺄셈

학습
포인트!

제곱근의 덧셈과 뺄셈은 문자식과 마찬가지로 계산하자!

1 제곱근의 덧셈과 뺄셈

제곱근의 덧셈과 뺄셈은 √를 문자로 바꾸면 문자식과 마찬가지로 계산할 수 있습니다.

예제 1 다음을 계산하세요.

(1) $2\sqrt{7} + 3\sqrt{7} =$ (2) $\sqrt{3} + 2\sqrt{5} - 4\sqrt{3} - 6\sqrt{5} =$

해답

(1) $2\sqrt{7} + 3\sqrt{7}$ 에서

$\sqrt{7}$ 을 x 로 바꾸면 '$2x + 3x = 5x$'가 됩니다.

이와 마찬가지로 계산하면

$2\sqrt{7} + 3\sqrt{7} = \mathbf{5\sqrt{7}}$

(2) $\sqrt{3} + 2\sqrt{5} - 4\sqrt{3} - 6\sqrt{5}$ 에서

$\sqrt{3}$ 을 x 로, $\sqrt{5}$ 를 y 로 각각 바꾸면

'$x + 2y - 4x - 6y = -3x - 4y$'가 됩니다.

이와 마찬가지로 풀면

$\sqrt{3} + 2\sqrt{5} - 4\sqrt{3} - 6\sqrt{5} = \mathbf{-3\sqrt{3} - 4\sqrt{5}}$

※ $-3\sqrt{3} - 4\sqrt{5}$ 는 더 이상 간단한 형태로 만들 수 없으
므로 이것이 답입니다.

 이것이 핵심 포인트!

분배 법칙을 사용하여
제곱근을 계산할 수 있다!

예제 1 에서는 제곱근의 덧셈과 뺄셈을 문자식과
마찬가지로 계산하였습니다.

그런데 문자식에서 배운 분배 법칙은 다음과 같
은 계산 규칙이었습니다.

a 를 모두 곱한다.

$a(b + c) = ab + ac$

이와 같은 분배 법칙을 사용하여 다음과 같이 제
곱근을 계산할 수 있습니다.

[예] $\sqrt{6}(\sqrt{3} + \sqrt{5})$ 를 계산하세요.

풀이법

$\sqrt{6}$ 을 모두 곱한다.

$$\sqrt{6}(\sqrt{3} + \sqrt{5}) = \sqrt{6} \times \sqrt{3} + \sqrt{6} \times \sqrt{5}$$
$$= 3\sqrt{2} + \sqrt{30}$$

2 $a\sqrt{b}$로 변형한 후에 합과 차를 구하는 계산

√ 안의 수가 다를 때도 $a\sqrt{b}$의 형태로 변형하면 √ 안의 수가 같아져서 계산할 수 있게 되는 경우가 있습니다.

| 예제 2 | 다음을 계산하세요.

$$\sqrt{45} - 2\sqrt{20} + 2\sqrt{5} =$$

| 해답 |

$$\sqrt{45} - 2\sqrt{20} + 2\sqrt{5}$$

$$= \sqrt{3^2 \times 5} - 2\sqrt{2^2 \times 5} + 2\sqrt{5}$$ ← 소인수분해 한다.

$$= 3\sqrt{5} - 4\sqrt{5} + 2\sqrt{5}$$ ← $\sqrt{a^2 b} = a\sqrt{b}$ 를 사용

$$= \sqrt{5}$$

3 분모를 유리화 한 후에 합과 차를 구하는 계산

분모에 √ 가 있을 경우에는 분모를 유리화 한 후에 계산하세요.

| 예제 3 | 다음을 계산하세요.

$$\sqrt{27} - \frac{6}{\sqrt{3}} =$$

| 해답 |

$$\sqrt{27} - \frac{6}{\sqrt{3}}$$

$$= 3\sqrt{3} - \frac{6 \times \sqrt{3}}{\sqrt{3} \times \sqrt{3}}$$ ← 분모와 분자에 $\sqrt{3}$ 을 곱하여 유리화 한다.

$$= 3\sqrt{3} - \frac{\overset{2}{6} \times \sqrt{3}}{\underset{1}{3}}$$ ← 약분한다.

$$= 3\sqrt{3} - 2\sqrt{3} = \sqrt{3}$$

※ 제곱근의 마지막 단원입니다. 지금까지 배운 것을 사용하여 응용 문제에도 도전해 보세요.

✎ 연습문제 (응용 편)

다음을 계산하세요.

$$\frac{3}{\sqrt{15}} - \sqrt{60} + \frac{4\sqrt{3}}{\sqrt{5}} =$$

해답

$$\frac{3}{\sqrt{15}} - \sqrt{60} + \frac{4\sqrt{3}}{\sqrt{5}}$$

$$= \frac{3 \times \sqrt{15}}{\sqrt{15} \times \sqrt{15}} - 2\sqrt{15} + \frac{4\sqrt{3} \times \sqrt{5}}{\sqrt{5} \times \sqrt{5}}$$

↑ 유리화 한다.

$$= \frac{\overset{1}{3}\sqrt{15}}{\underset{5}{15}} - 2\sqrt{15} + \frac{4\sqrt{15}}{5}$$

$\frac{\sqrt{15}}{5} + \frac{4\sqrt{15}}{5} = \frac{5\sqrt{15}}{5}$

$$= \frac{\overset{1}{5}\sqrt{15}}{\underset{1}{5}} - 2\sqrt{15}$$

$$= \sqrt{15} - 2\sqrt{15} = -\sqrt{15}$$

PART 7

제곱근

35 인수분해란?

공통인수를 괄호 밖으로 묶어 내어 인수분해 하자!

1 인수분해란?

33쪽에서 배운 전개 공식을 이용하여 $(x+4)(x+5)$를 전개하면 다음과 같이 됩니다.

$$(x+4)(x+5) = x^2 + 9x + 20$$

등식은 좌변과 우변을 바꿔 넣어도 성립하므로 다음 식도 성립됩니다.

$$x^2 + 9x + 20 = (x+4)(x+5)$$

이 식은 '$x^2 + 9x + 20$'이 '$x+4$'와 '$x+5$'의 곱(곱셈의 답)이
라는 것을 나타냅니다. 이 경우에 '$x+4$'와 '$x+5$'와 같이
곱을 만들고 있는 하나하나의 식을 '인수'라고 합니다.
그리고 다항식을 몇 개 인수의 곱의 형태로 나타내는 것
을 '인수분해'라고 합니다.

$$x^2 + 9x + 20$$

전개 ↑ ↓ 인수분해

$$(x+4) \quad (x+5)$$

인수   인수

2 공통인수로 묶어 내는 인수분해

모든 항에 공통된 인수(공통인수)를 포함하는 다항식에서
는 공통인수를 괄호 밖으로 묶어 냄으로써 인수분해 할
수 있다는 사실을 알아 두세요.
28쪽에서 배운 분배 법칙의 좌변과 우변을 반대로 한 오
른쪽 식을 이용합니다.

$$ab + ac = a(b+c)$$

공통인수   괄호 밖으로
묶어 낸다.

예제 다음 식을 인수분해 하세요.

(1) $3xy - 2xz$ (2) $15a^2b + 25ab^2$

해답

(1) 문자 x가 공통이므로
x를 괄호 밖으로 묶어 내세요.

$$3xy - 2xz = x(3y - 2z)$$

공통인수 ↗ 괄호 밖으로 묶어 낸다.

(2) 계수 15와 25의 최대공약수 5와
공통의 문자 ab 를 합친 $5ab$ 를
괄호 밖으로 묶어 내세요.

$$15a^2b + 25ab^2$$
$$= 5ab \times 3a + 5ab \times 5b$$
$$= 5ab(3a + 5b)$$

$15a^2b$와 $25ab^2$을 $5ab \times \square$로 각각 변형
공통인수 $5ab$를 괄호 밖으로 묶어 낸다.

※ (2)와 같이 각각의 항의 계수인 최대공약수가 1보다 큰 정수일 경우에는 그 정수를 괄호 밖으로 묶어 내도록 합니다.

이것이 핵심 포인트!

가능하면 인수분해 하여 답하자!

예제 (2)를 다음과 같이 인수분해 하는 학생이 있습니다.
$$15a^2b + 25ab^2 = ab(15a + 25b)$$
도중식으로는 틀리지 않았지만, 시험에서 이렇게 해답을 쓰면 정답으로 인정받을 수 없습니다. 왜냐

하면 인수분해를 더 할 수 있기 때문입니다.
$$15a^2b + 25ab^2 = ab(15a + 25b)$$
$$= 5ab(3a + 5b)$$

예제 (2)와 같은 문제에서는 가능하면 인수분해 하여 답하세요.

PART
8
인수분해

연습문제

다음 식을 인수분해 하세요.

(1) $2ab + a$ (2) $14x^2y - 21xyz$

해답

(1) 문자 a가 공통이므로 괄호 밖으로 묶어 내세요.

$$2ab + a$$
a를 $1a$로 변형
$$= 2ab + 1a = a(2b + 1)$$

공통인수 ↗ 괄호 밖으로 묶어 낸다.

(2) 계수 14와 21의 최대공약수 7과 공통인 문자 xy를 합친 $7xy$를 괄호 밖으로 묶어 내세요.

$$14x^2y - 21xyz$$
$$= 7xy \times 2x - 7xy \times 3z$$
$$= 7xy(2x - 3z)$$

$14x^2y$와 $21xyz$를 $7xy \times \square$로 각각 변형
공통인수 $7xy$를 괄호 밖으로 묶어 낸다.

36 공식을 이용한 인수분해 ①

학습 포인트!

다음 공식을 이용하여 인수분해 하자!

$$x^2 + (a+b)x + ab = (x+a)(x+b)$$
$$\underset{\text{합}}{\underline{}} \quad \underset{\text{곱}}{\underline{}}$$

1 공식 $x^2 + (a+b)x + ab = (x+a)(x+b)$

33~35쪽에서 4개의 전개 공식을 배웠습니다. 그 4개 전개 공식의 좌변과 우변을 바꿔 넣은 공식에 의한 인수분해에 대해 알아 보겠습니다.

식1 은 전개 공식 중 하나입니다.

> 식1 $(x+a)(x+b) = x^2 + (a+b)x + ab$

식1 의 좌변과 우변을 바꿔 넣으면 식2 가 성립합니다.

> 식2 $x^2 + (a+b)x + ab = (x+a)(x+b)$
> $\underset{\text{합}}{\underline{}} \quad \underset{\text{곱}}{\underline{}}$

식2 를 사용하여 인수분해 하세요.

예제 1 다음 식을 인수분해 하세요.

(1) $x^2 + 8x + 15$　　　　　(2) $a^2 - a - 6$

해답

(1) $x^2 + 8x + 15$를 인수분해 하기 위해서 더해서 8, 곱해서 15가 되는 2개의 수를 찾아보세요.

$$x^2 + \underset{\underset{\text{더해서 8}}{\uparrow}}{8x} + \underset{\underset{\text{곱해서 15}}{\uparrow}}{15}$$

더해서 8, 곱해서 15가 되는 2개의 수를 찾으면 +3과 +5가 있습니다.

(+ 3) + (+ 5) = 8 ← 더해서 8
(+ 3) × (+ 5) = 15 ← 곱해서 15

+3과 +5를 바탕으로 다음과 같이 인수분해를 할 수 있습니다.

$$x^2 + 8x + 15 = (x+3)(x+5)$$

(2) $a^2 - a - 6 (= a^2 - 1a - 6)$을 인수분해 하기 위해 더해서 - 1, 곱해서 - 6이 되는 2개의 수를 찾아보세요.

$$a^2 - a - 6 = a^2 \underset{\underset{\text{더해서 -1}}{\uparrow}}{- 1a} \underset{\underset{\text{곱해서 -6}}{\uparrow}}{- 6}$$

더해서 - 1, 곱해서 - 6이 되는 2개의 수를 찾으면 +2와 - 3이 있습니다.

(+ 2) + (- 3) = - 1 ← 더해서 -1
(+ 2) × (- 3) = - 6 ← 곱해서 -6

+2와 - 3을 바탕으로 다음과 같이 인수분해를 할 수 있습니다.

$$a^2 - a - 6 = (a+2)(a-3)$$

곱에서 찾자!

예제1 (1)에서 $x^2 + 8x + 15$를 인수분해 하기 위해 더해서 8, 곱해서 15가 되는 2개의 수를 찾았습니다.

이때, 더해서 8(합이 8)이 되는 수가 아닌 곱해서 15(곱이 15)가 되는 수에서 찾도록 하세요.

왜냐하면 더해서 8이 되는 정수는 많이 있지만, 곱해서 15가 되는 정수의 조합은 오른쪽과 같이 4개 조합뿐이기 때문입니다.

4개 중에서 곱하여 8이 되는 것은 +3과 +5이므

곱해서 15가 되는 정수

(+ 1) × (+ 15) = 15
(- 1) × (- 15) = 15
(+ 3) × (+ 5) = 15
(- 3) × (- 5) = 15

로, '$x + 8x + 15 = (x + 3)(x + 5)$'와 같이 인수분해를 할 수 있습니다.

이와 같은 이유에서 〈곱 → 합〉 순으로 찾는 것을 권합니다.

연습문제 1

다음 식을 인수분해 하세요.

(1) $x^2 + 11x + 30$ 　　　　(2) $a^2 - 10a + 21$ 　　　　(3) $x^2 + 8x - 48$

해답

(1) $x^2 + 11x + 30$을 인수분해 하기 위해 더해서 11, 곱해서 30이 되는 2개의 수를 찾으세요.

　　　'더해서 11, 곱해서 30이 되는 2개의 수'를 찾으면 +5와 +6이 있습니다.

　　　그러므로 다음과 같이 인수분해를 할 수 있습니다.

$$x^2 + 11x + 30 = (x + 5)(x + 6)$$

(2) $a^2 - 10a + 21$을 인수분해 하기 위해 더해서 -10, 곱해서 21이 되는 2개의 수를 찾으세요.

　　　'더해서 -10, 곱해서 21이 되는 두 개의 수'를 찾으면 -3과 -7이 있습니다.

　　　그러므로 다음과 같이 인수분해를 할 수 있습니다.

$$a^2 - 10a + 21 = (a - 3)(a - 7)$$

(3) $x^2 + 8x - 48$을 인수분해 하기 위해 더해서 8, 곱해서 -48이 되는 2개의 수를 찾으세요.

　　　'더해서 8, 곱해서 -48이 되는 두 개의 수'를 찾으면 +12와 -4가 있습니다.

　　　그러므로 다음과 같이 인수분해를 할 수 있습니다.

$$x^2 + 8x - 48 = (x + 12)(x - 4)$$

37 공식을 이용한 인수분해 ②

학습 포인트! 다음 공식을 이용해서 인수분해 하자!
$$x^2 + 2ax + a^2 = (x+a)^2$$
$$x^2 - 2ax + a^2 = (x-a)^2$$
$$x^2 - a^2 = (x+a)(x-a)$$

2 공식 $x^2 + 2ax + a^2 = (x+a)^2$, $x^2 - 2ax + a^2 = (x-a)^2$

다음 공식을 이용하여 인수분해 해보세요.

$$x^2 + 2ax + a^2 = (x+a)^2 \qquad x^2 - 2ax + a^2 = (x-a)^2$$

a의 2배 a의 제곱 a의 2배 a의 제곱

예제 2 다음 식을 인수분해 하세요.

(1) $x^2 + 6x + 9$　　　　　　(2) $a^2 - 12a + 36$

해답

(1) $x^2 + 6x + 9$는 6이 3의 2배, 9가 3의 제곱이라는 사실을 찾습니다. 그리고 다음과 같이 인수분해 합니다.

$$x^2 + 6x + 9 = (x+3)^2$$

　　　3의 2배　3의 제곱

(2) $a^2 - 12a + 36$은 12가 6의 2배, 36이 6의 제곱이라는 사실을 찾습니다. 그리고 다음과 같이 인수분해 합니다.

$$a^2 - 12a + 36 = (a-6)^2$$

　　　6의 2배　6의 제곱

이것이 핵심 포인트!

다른 공식으로도 풀 수 있다!

예제 2 (1)은 앞 단원에서 배운 공식
$$x^2 + (a+b)x + ab = (x+a)(x+b)$$
을 사용하여 풀 수도 있습니다. 단 도중식이 많아지므로 좋은 풀이법은 아닙니다.
그러면 실제로 확인해 보겠습니다.

예제 2 (1)의 $x^2 + 6x + 9$를 인수분해 하기 위해 더해서 6, 곱해서 9가 되는 2개의 수를 찾으세요.
'더해서 6, 곱해서 9가 되는 2개의 수'를 찾으면 +3과 +3이 있습니다. 그러므로 다음과 같이 인수분해를 할 수 있습니다.
$$x^2 + 6x + 9 = (x+3)(x+3) = (x+3)^2$$

예제 2 (2)도 같은 방법으로 풀 수 있으므로 직접 풀어 보세요.

다음 식을 인수분해 하세요.

(1) $x^2 + 18x + 81$ (2) $x^2 - 16x + 64$

해답

(1) $x^2 + 18x + 81$은 18이 9의 2배, 81이 9의 제곱입니다. $x^2 + 18x + 81 = \underset{\sim}{(x + 9)^2}$

(2) $x^2 - 16x + 64$는 16이 8의 2배, 64가 8의 제곱입니다. $x^2 - 16x + 64 = \underset{\sim}{(x - 8)^2}$

3 공식 $x^2 - a^2 = (x + a)(x - a)$

오른쪽 공식을 이용하여
인수분해 해보세요.

$$x^2 - a^2 = (x + a)(x - a)$$

↑   ↑
x의 제곱 a의 제곱

예제 3 다음 식을 인수분해 하세요.

(1) $x^2 - 49$ (2) $9a^2 - 16b^2$

해답

(1) $x^2 - 49$ 는 x^2이 x의 제곱, 49가 7의 제곱이라는 것을 알 수 있습니다.

그리고 다음과 같이 인수분해 합니다.

$$x^2 - 49 = x^2 - 7^2 = \underset{\sim}{(x + 7)(x - 7)}$$

↑   ↑
x의 제곱 7의 제곱

$x^2 - a^2 = (x + a)(x - a)$ 를 사용한다.

(2) $9a^2 - 16b^2$ 은 $9a^2$이 $3a$의 제곱, $16b^2$이 $4b$의 제곱이라는 것을 알 수 있습니다.

그리고 다음과 같이 인수분해 합니다.

$$9a^2 - 16b^2 = (3a)^2 - (4b)^2 = \underset{\sim}{(3a + 4b)(3a - 4b)}$$

↑   ↑
$3a$의 제곱 $4b$의 제곱

$x^2 - a^2 = (x + a)(x - a)$ 를 사용한다.

✏️ **연습문제 3**

다음 식을 인수분해하세요.

(1) $a^2 - 121$ (2) $x^2 - 4y^2$

해답

(1) $a^2 - 121 = a^2 - 11^2 = \underset{\sim}{(a + 11)(a - 11)}$ (2) $x^2 - 4y^2 = x^2 - (2y)^2 = \underset{\sim}{(x + 2y)(x - 2y)}$

38 이차 방정식을 제곱근을 이용하여 풀기

학습 포인트!

$ax^2 = b$ 와 $(x+a)^2 = b$ 등의 이차 방정식은 제곱근을 이용해서 풀자!

1 이차 방정식이란?

예를 들어 '$x^2 - 10 = 3x$'라는 식의 우변 $3x$를 좌변으로 이항하면

'$x^2 - 3x - 10 = 0$'이 됩니다.

이와 같이 **이항하여 정리하면** '(이차식)=0'의 형태가 되는 방정식을 '이차 방정식'이라고 합니다.

2 이차 방정식 $ax^2 = b$ 의 풀이법

$ax^2 = b$와 $ax^2 - b = 0$ 형태의 이차 방정식은 제곱근을 이용하여 풀 수 있습니다.

예제 1 다음 방정식을 푸세요.

(1) $x^2 = 36$　　　　　(2) $5x^2 - 60 = 0$　　　　　(3) $4x^2 - 11 = 0$

해답

(1) $x^2 = 36$ 이므로

x는 36의 제곱근이라는 것을 알 수 있습니다.

그러므로 $\underset{\sim}{x = \pm 6}$

(2) $5x^2 - 60 = 0$

$5x^2 = 60$　　-60을 우변으로 이항

$x^2 = 12$　　양변을 5로 나눈다.

$x = \pm\sqrt{12}$　　x 는 12의 제곱근

$\underset{\sim}{x = \pm 2\sqrt{3}}$　　$a\sqrt{b}$ 의 형태로 만든다.

(3) $4x^2 - 11 = 0$

$4x^2 = 11$　　-11을 우변으로 이항

$x^2 = \dfrac{11}{4}$　　양변을 4로 나눈다.

$x = \pm\sqrt{\dfrac{11}{4}}$　　x 는 $\dfrac{11}{4}$의 제곱근

$\pm\sqrt{\dfrac{11}{4}} = \pm\dfrac{\sqrt{11}}{\sqrt{4}}$

$\underset{\sim}{x = \pm\dfrac{\sqrt{11}}{2}}$

연습문제

다음 방정식을 풀어 보세요.

(1) $3x^2 = 75$ (2) $25x^2 - 8 = 0$

해답

(1) $3x^2 = 75$) 양변을 3으로 나눈다.
$\quad\quad x^2 = 25$
$\quad\quad x = \pm 5$) x는 25의 제곱근

(2) $25x^2 - 8 = 0$) -8을 우변으로 이항
$\quad\quad 25x^2 = 8$
$\quad\quad x^2 = \dfrac{8}{25}$) 양변을 25로 나눈다.
$\quad\quad x = \pm\sqrt{\dfrac{8}{25}}$) x 는 $\dfrac{8}{25}$ 의 제곱근
$\quad\quad x = \pm\dfrac{2\sqrt{2}}{5}$) $\pm\sqrt{\dfrac{8}{25}} = \pm\dfrac{\sqrt{8}}{\sqrt{25}}$

3 이차 방정식 $(x+a)^2 = b$ 의 풀이법

$(x+a)^2 = b$ 형태의 이차 방정식도 제곱근을 이용하여 풀 수 있습니다.

예제 2 다음 방정식을 풀어 보세요.

(1) $(x + 5)^2 = 49$ (2) $(x - 6)^2 - 10 = 0$

해답

(1) $x+5$는 49의 제곱근이므로

$x+5 = \pm 7$

이것은 $x+5$가 +7 또는 -7이라는 것을
나타내고 있습니다.

$x+5 = 7$일 때, $x = 7 - 5 = 2$

$x+5 = -7$일 때, $x = -7 - 5 = -12$

$\underline{x = 2, \ x = -12}$

(2) -10을 우변으로 이항하면

$(x - 6)^2 = 10$

$x - 6$은 10의 제곱근이므로

$x - 6 = \pm\sqrt{10}$
$\quad\quad$ -6을 우변으로 이항

$\underline{x = 6 \pm \sqrt{10}}$

※ $x = 6 + \sqrt{10}$ 또는 $x = 6 - \sqrt{10}$ 일 때
이것을 정리하여 $x = 6 \pm \sqrt{10}$ 과 같이 표시합니다.

이것이 핵심 포인트!

이차 방정식의 해(답)는 1개 아니면 2개!

이미 배운 일차 방정식의 해(답)는 1개였습니다. 그러나 이번 단원에서 다룬 이차 방정식의 해는 모두 2개였습니다. 중학수학에서 이차 방정식의 해는 1개 아니면 2개라는 것을 알아 두세요.
(해가 1개 뿐인 이차 방정식은 다음 단원에서 배웁니다.)

PART 9
이차 방정식

39　이차 방정식을 인수분해로 풀기

학습
포인트!

먼저 좌변을 인수분해 하고 나서 이차 방정식을 풀자!

앞 단원에서는 제곱근을 이용해서 이차 방정식을 풀었습니다.

그리고 인수분해를 이용해서 이차 방정식을 풀 수도 있습니다.

인수분해를 이용해서 이차 방정식을 풀 때는 다음 원리를 이용합니다.

2개의 식을 A 와 B 라고 할 때

$AB = 0$　이면　$A = 0$　또는　$B = 0$

예제　다음 방정식을 풀어 보세요.

$x^2 + 3x + 2 = 0$

해답

먼저 좌변의 '$x^2 + 3x + 2$'를 인수분해 합니다.

좌변은 $x^2 + (a+b)x + ab = (x+a)(x+b)$ 공식으로 인수분해 할 수 있습니다.

'$x^2 + 3x + 2$'를 인수분해 하기 위해 더해서 3, 곱해서 2가 되는 두 가지 수를 찾으세요.

더해서 3, 곱해서 2가 되는 두 가지 수를 찾으면 +1과 +2가 나옵니다.

그러므로 원래 이차 방정식은 다음과 같이 변형할 수 있습니다.

$(x + 1)\ (x + 2) = 0$

$x + 1 = 0$　또는　$x + 2 = 0$

각각 풀면　$x = -1, x = -2$

다음 방정식을 풀어 보세요.

(1) $x^2 - x = 0$　　(2) $x^2 - 5x - 14 = 0$　　(3) $x^2 + 10x + 25 = 0$

(4) $x^2 - 2x + 1 = 0$　　(5) $x^2 - 64 = 0$

해답

(1) $x^2 - x = 0$ 에서 좌변의 공통인수 x 를 괄호 밖으로 묶어 내어 인수분해 하면

$x(x - 1) = 0$

$x = 0$ 　또는　 $x - 1 = 0$

$x = 0,\ x = 1$

(2) $x^2 - 5x - 14 = 0$ 의 좌변을

$x^2 + (a + b)x + ab = (x + a)(x + b)$ 공식으로 인수분해를 하면

$(x + 2)(x - 7) = 0$

$x + 2 = 0$ 　또는　 $x - 7 = 0$

$x = -2,\ x = 7$

(3) $x^2 + 10x + 25 = 0$ 의 좌변을

$x^2 + 2ax + a^2 = (x + a)^2$ 공식으로 인수분해를 하면

$(x + 5)^2 = 0$

$x + 5 = 0$

$x = -5$

※ (3), (4)는 답(해)이 1개입니다.

(4) $x^2 - 2x + 1 = 0$ 의 좌변을 $x^2 - 2ax + a^2 = (x - a)^2$ 의 공식으로 인수분해를 하면

$(x - 1)^2 = 0$

$x - 1 = 0$

$x = 1$

(5) $x^2 - 64 = 0$ 의 좌변을

$x^2 - a^2 = (x + a)(x - a)$ 의 공식으로 인수분해를 하면

$(x + 8)(x - 8) = 0$

$x + 8 = 0$ 　또는　 $x - 8 = 0$

$x = \pm 8$

이것이 핵심 포인트!

'$x^2 - 64 = 0$'은 인수분해로도 제곱근을 이용해도 풀 수 있다!

　연습문제 (5)의 '$x^2 - 64 = 0$'은 앞 단원에서 배운 제곱근을 이용해서 오른쪽과 같이 풀 수도 있습니다. 이와 같이 인수분해와 제곱근 중 어느 쪽을 이용하더라도 풀 수 있는 이차 방정식이 있습니다.

$x^2 - 64 = 0$　〉 -64를 우변으로 이항

$x^2 = 64$　〉 x 는 64의 제곱근

$x = \pm 8$

40　이차 방정식을 해의 공식으로 풀기

학습 포인트!

해의 공식 $x = \dfrac{-b \pm \sqrt{b^2 - 4ac}}{2a}$ 를 알아 두자!

1　해의 공식이란?

이미 배운 제곱근 또는 인수분해 중 어느 것을 이용해도 이차 방정식을 풀 수 없는 경우에는 해의 공식을 이용하여 풉니다.

> **이차 방정식의 해의 공식**
>
> 이차 방정식 $ax^2 + bx + c = 0$ 의 해는
>
> $$x = \dfrac{-b \pm \sqrt{b^2 - 4ac}}{2a}$$

예제 1　다음 방정식을 풀어 보세요.

(1)　$2x^2 + 3x - 4 = 0$

(2)　$3x^2 - 7x + 2 = 0$

해답

(1)　$\underset{a}{2x^2} + \underset{b}{3x} \underset{c}{- 4} = 0$

해의 공식에 $a = 2$, $b = 3$, $c = -4$ 를 대입해서 계산하면

$$x = \frac{-3 \pm \sqrt{3^2 - 4 \times 2 \times (-4)}}{2 \times 2}$$

$$= \frac{-3 \pm \sqrt{9 + 32}}{4}$$

$$= \frac{-3 \pm \sqrt{41}}{4}$$

(2)　$\underset{a}{3x^2} \underset{b}{- 7x} \underset{c}{+ 2} = 0$

해의 공식에 $a = 3$, $b = -7$, $c = 2$ 를 대입해서 계산하면

$$x = \frac{7 \pm \sqrt{(-7)^2 - 4 \times 3 \times 2}}{2 \times 3}$$

$$= \frac{7 \pm \sqrt{49 - 24}}{6}$$

$$= \frac{7 \pm \sqrt{25}}{6}$$

$$= \frac{7 \pm 5}{6} \longleftarrow \frac{7 + 5}{6} \text{ 또는 } \frac{7 - 5}{6} \text{ 라는 의미}$$

$$x = \frac{7 + 5}{6} = \frac{12}{6} = 2$$

$$x = \frac{7 - 5}{6} = \frac{2}{6} = \frac{1}{3} \qquad \boldsymbol{x = \frac{1}{3}, \ x = 2}$$

2 b 가 짝수일 때, 해의 공식

이차 방정식 '$ax^2 + bx + c = 0$'에서 b가 짝수일 때 b를 2로 나눈 것을 b'라고 하면 오른쪽과 같은 해의 공식이 성립됩니다.

> **b가 짝수일 때, 해의 공식**
>
> 2차 방정식 $ax^2 + bx + c = 0$에서 b를 2로 나눈 것을 b'라고 하면
>
> $$x = \frac{-b' \pm \sqrt{b'^2 - ac}}{a}$$

예제 2 다음 방정식을 푸세요.

$2x^2 + 6x + 1 = 0$

해답

b가 짝수 6이므로 b가 짝수일 때의 해의 공식을 사용할 수 있습니다.

b를 2로 나눈 것이 b'이므로 $b' = 6 \div 2 = 3$

b가 짝수일 때의 해의 공식에 $a = 2$, $b' = 3$, $c = 1$을 대입하면 오른쪽의 **식** 과 같이 계산할 수 있습니다.

식

$$x = \frac{-3 \pm \sqrt{3^2 - 2 \times 1}}{2}$$

$$= \frac{-3 \pm \sqrt{9 - 2}}{2}$$

$$= \frac{-3 \pm \sqrt{7}}{2}$$

예제 의 풀이법을 이해했다면 해답을 가리고 혼자 힘으로 풀어 보세요.

🐦 **이것이 핵심 포인트!**

b가 짝수일 때의 해의 공식도 외워 두는 것이 좋은 이유

'해의 공식만 외우는 것도 힘든데 b가 짝수일 때의 해의 공식도 외워야 하는 거야?'

이렇게 생각하는 학생도 있을지 모르겠습니다.

그러나 b가 짝수일 때의 해의 공식도 외워 두면 빠르고 정확하게 계산할 수 있게 됩니다.

예를 들면 **예제 2** 는 일반적인 해의 공식으로도 풀 수 있지만, 오른쪽과 같이 복잡한 계산이 됩니다.

이와 같이 약분이 필요한 복잡한 계산이 되어 버

$$x = \frac{-6 \pm \sqrt{6^2 - 4 \times 2 \times 1}}{2 \times 2}$$

$$= \frac{-6 \pm \sqrt{28}}{4}$$

$\sqrt{28}$을 $2\sqrt{7}$로 변형하여 약분

$$= \frac{-6 \pm 2\sqrt{7}}{4}$$

$$= \frac{-3 \pm \sqrt{7}}{2}$$

리므로 b가 짝수일 때의 해의 공식으로 푸는 방법을 추천합니다.

41 이차 방정식의 문장형 문제

학습
포인트!

이차 방정식의 문장형 문제는 **4단계**로 풀자!

이차 방정식의 문장형 문제
는 오른쪽과 같이 4단계로
풀면 됩니다.

> **단계 1** 구하려는 값을 x 라고 한다.
> **단계 2** 방정식을 만든다.
> **단계 3** 방정식을 푼다.
> **단계 4** 해가 문제에 적합한지 여부를 확인한다.

1 수에 관한 문장형 문제

예제 1 어느 자연수에 2를 더한 수의 제곱이 원래 수를 10배 하여 11을 더한 수와 같을 때, 원래
자연수를 구하세요.

해답

4 단계에 따라 다음과 같이 풀 수 있습니다 .

단계 1 구하려는 값을 x 라고 한다.
원래 자연수를 x 라고 합니다.

단계 2 방정식을 만든다.
자연수 x 에 2를 더한 수의 제곱을 $(x+2)^2$으로 나타낼 수 있습니다. 원래 수를 10배 하여 11을 더한 수는 $10x+11$로 나타낼 수 있습니다. 이 둘은 같으므로 오른쪽과 같은 방정식이 성립됩니다.

$$\underbrace{(x + 2)^2}_{\uparrow} = \underbrace{10x + 11}_{\uparrow}$$

(2를 더한 수의 제곱) = (10배 하여 11을 더한 수)

단계 3 방정식을 푼다.

$$(x + 2)^2 = 10x + 11$$
$$x^2 + 4x + 4 = 10x + 11$$
$$x^2 + 4x + 4 - 10x - 11 = 0$$
$$x^2 - 6x - 7 = 0$$
$$(x + 1)(x - 7) = 0$$
$$x = -1, \ x = 7$$

$(x+2)^2$을 전개한다.

이항하여 우변을 0으로 만든다.

좌변을 정리한다.

좌변을 인수분해 한다.

단계 4

해가 문제에 적합한지 여부를 확인한다.

x 는 자연수(양수)이므로

$x = 7$ 은 문제에 적합하지만

$x = -1$ 은 문제에 적합하지 않습니다.

그러므로 $x = 7$

답   7

이것이 핵심 포인트!

해가 문제에 적합한지 여부는 마지막에 확인하자!

이차 방정식의 문장형 문제는 **예제 1** 의 해답과 같이 문제에 적합한지 여부를 마지막에 반드시 확인해야 합니다.

그렇게 하면 -1은 답으로 적합하지 않다는 것을 바로 알 수 있습니다. 이것을 실수하는 학생이 많으므로 주의해야 합니다.

2 넓이에 관한 문장형 문제

예제 2 세로 길이가 가로 길이보다 6cm 짧은 직사각형이 있고, 이 직사각형의 넓이는 112cm²입니다. 이 직사각형의 세로 길이와 가로 길이를 각각 구하세요.

해답

이차 방정식은 4단계에 따라 다음과 같이 풀 수 있습니다.

단계 1 구하려는 값을 x 라고 한다.

직사각형의 가로 길이를 $x$cm 라고 합니다. 그러면 세로 길이는 $(x - 6)$cm 로 나타낼 수 있습니다.

세로$(x-6)$cm | 넓이 112cm² | 가로 $x$cm

단계 2 방정식을 만든다.

'가로 × 세로 = 직사각형의 넓이'이므로 다음 방정식을 만들 수 있습니다.

$$\underset{\text{가로}}{x} \quad \underset{\text{세로}}{(x - 6)} \ \underset{=}{=} \ \underset{\text{넓이}}{112}$$

단계 3 방정식을 푼다.

$$x(x - 6) = 112 \quad \text{← } x(x-6)\text{을 전개한다.}$$
$$x^2 - 6x = 112 \quad \text{← 이항하여 우변을 0으로 만든다.}$$
$$x^2 - 6x - 112 = 0 \quad \text{← 좌변을 인수분해 한다.}$$
$$(x + 8)(x - 14) = 0$$
$$x = -8, \ x = 14$$

단계 4

해가 문제에 적합한지 여부를 확인한다.

x(가로 길이)는 세로 길이보다 6(cm) 길고, 6보다 크므로

$x = 14$ 는 문제에 적합하지만, $x = -8$ 은 문제에 적합하지 않습니다.

그러므로 $x = 14$

직사각형의 가로 길이가 14cm이므로, 세로 길이는 14 - 6 = 8cm입니다.

답   세로 길이 8cm, 가로 길이 14cm

42 $y=ax^2$ 과 그래프

y는 x^2에 비례한다. ⟶ $y=ax^2$ 이라고 하자!

1 y는 x^2에 비례한다

$y=3x^2$, $y=-2x^2$ 과 같이 $y=ax^2$으로 나타낼 때 'y는 x^2에 비례한다'고 합니다.

예제 1 y는 x^2에 비례하고, $x=2$ 일 때 $y=-12$입니다. 다음 질문에 답하세요.

(1) y를 x의 식으로 나타내세요.　　　　(2) $x=-4$ 일 때 y의 값을 구하세요.

해답

(1) y를 x의 식으로 나타낸다는 것은 $y=(x$를 포함한 식)이라는 형태로 만드는 것입니다.

　　y는 x^2에 비례하므로 $y=ax^2$이라고 할 수 있습니다. 그리고 a를 구하려면 y를 x의 식으로 나타

　　낼 수 있습니다.

　　$x=2$와 $y=-12$를 $y=ax^2$에 대입하면　　　　$-12 = a \times 2^2 \to -12 = 4a \to a = -3$

　　그러므로 $y = -3x^2$

(2) $y = -3x^2$ 에 $x = -4$ 를 대입하면　　　$y = -3 \times (-4)^2 = -3 \times 16 = -48$

2 $y=ax^2$의 그래프

예제 2 $y=\frac{1}{4}x^2$에 대해서 다음 질문에 답하세요.

(1) $y=\frac{1}{4}x^2$에 대해서 다음 표를 완성하세요.

x	…	-6	-4	-2	0	2	4	6	…
y	…								…

(2) (1)의 표와 함께 $y=\frac{1}{4}x^2$의 그래프를 그리세요.

(1) $y = \frac{1}{4}x^2$에 x의 각각의 값을 대입하여 y의 값을 구하면 다음과 같이 됩니다.

x	$\cdots$	-6	-4	-2	0	2	4	6	$\cdots$
y	$\cdots$	9	4	1	0	1	4	9	$\cdots$

(2) (1)의 표를 보면서 좌표평면상에 이들 좌
표의 점을 찍고, 그 점들을 곡선으로 부드
럽게 연결하면 오른쪽과 같이 $y = \frac{1}{4}x^2$의
그래프를 그릴 수 있습니다.
각각의 점을 직선으로 연결하는 것이 아니
라 완만한 곡선으로 연결하는 것이 포인트
입니다.

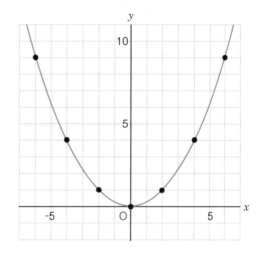

$y = ax^2$의 그래프와 같은 곡선을 '포물선'이라고 합니다.
$y = ax^2$의 그래프는 반드시 원점을 지납니다.

이것이 핵심 포인트!

$y = ax^2$의 a가 양수인가, 음수인가에 따라
그래프를 알 수 있다!

[예제 2]에서 본 $y = \frac{1}{4}x^2$은 a가 양수$\left(\frac{1}{4}\right)$이고, 그
래프가 위로 열려 있습니다.
하지만, $y = -3x^2$과 같이 a가 음수(-3)인 경우, 그
래프는 아래가 열린다는 것을 알아 두세요.

$y = ax^2$의 그래프

a가 양수$(a > 0)$일 때 a가 음수$(a > 0)$일 때

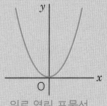

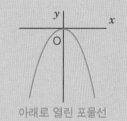

위로 열린 포물선   아래로 열린 포물선

43 변화 비율

학습 포인트!

변화 비율은 $\dfrac{y\text{의 증가량}}{x\text{의 증가량}}$ 이라는 것을 알아 두자!

1 변화 비율이란?

변화 비율은 x가 증가하는 양에 대하여 y가 얼마만큼 증가하였는가를 보여주는 비율이며, $\dfrac{y\text{의 증가량}}{x\text{의 증가량}}$이라는 형태로 나타낼 수 있습니다. 증가량은 얼마만큼 증가하였는가를 의미합니다.

예를 들어, x가 2에서 5까지 증가했다면 x의 증가량은 '5 - 2 = 3'입니다. 이때, y가 1에서 7까지 증가했다면 y의 증가량은 '7 - 1 = 6'입니다. 이 경우, '변화비율 = $\dfrac{y\text{의 증가량}}{x\text{의 증가량}} = \dfrac{6}{3} = 2$'가 됩니다.

2 일차 함수의 변화 비율

잠깐 일차 함수로 화제를 돌려서 일차 함수의 변화 비율에 대해서 살펴보겠습니다.

예제 1 일차 함수 $y = 3x + 1$에서 x의 값이 2에서 6까지 변화할 때 다음을 계산하세요.

(1) x의 증가량과 y의 증가량을 각각 답하세요.

(2) 이때의 변화 비율을 구하세요.

해답

(1) x의 값은 2에서 6까지 변화하므로 x의 증가량은 '6 - 2=4'입니다.

   $x = 2$를 $y = 3x + 1$에 대입하면 $y = 3 \times 2 + 1 = 7$

   $x = 6$을 $y = 3x + 1$에 대입하면 $y = 3 \times 6 + 1 = 19$

   y의 값은 7에서 19까지 변화하므로 y의 증가량은 '19 - 7=12'입니다.

답 x의 증가량 **4**, y의 증가량 **12**

(2) (1)에서

   변화 비율 $= \dfrac{y\text{의 증가량}}{x\text{의 증가량}} = \dfrac{12}{4} = \mathbf{3}$

3 $y = ax^2$의 변화 비율

다음으로, $y = ax^2$의 변화 비율에 대해서 살펴보겠습니다.

예제 2 함수 $y = -3x^2$에서 x의 값이 1에서 4까지 변화할 때, 다음 질문에 답하세요.

(1) x의 증가량과 y의 증가량을 각각 답하세요.

(2) 이때의 변화 비율을 구하세요.

해답

(1) x의 값은 1에서 4까지 변화하므로 x의 증가량은 '4 - 1=3'입니다.

$x = 1$을 $y = -3x^2$에 대입하면 $y = -3 \times 1^2 = -3$

$x = 4$를 $y = -3x^2$에 대입하면 $y = -3 \times 4^2 = -48$

y의 값은 -3에서 -48까지 변화하므로 y의 증가량은 '-48 - (-3) = -45'입니다.

(증가량이 -45라는 것은 45 감소하는 것을 나타냅니다.)

답　　　　x의 증가량 **3**, y의 증가량 **-45**

(2) (1)에서

$$\text{변화 비율} = \frac{y\text{의 증가량}}{x\text{의 증가량}} = \frac{-45}{3} = \text{-15}$$

예제의 풀이법을 이해했다면 해답을 가리고 혼자 힘으로 풀어보세요.

이것이 핵심 포인트!

일차 함수와 $y = ax^2$의 변화 비율의 차이

일차 함수 $y = ax+b$의 변화 비율은 기울기 a와 반드시 같다는 성질이 있습니다. 이러한 성질을 알고 있으면 **예제2** (2)의 $y = 3x + 1$의 변화 비율은 계산하지 않아도 3이라는 결과를 구할 수 있습니다.
그리고 $y = ax^2$의 변화 비율에 대해서 살펴보겠습니다.
예제2 (2)에서는 $y = -3x^2$에서 x의 값이 1부터 4까지 변화할 때의 변화 비율은 -15였습니다.
그러나 $y = -3x^2$에서 x의 값이 2에서 5까지 변화할 때의 변화 비율을 구하면 -21이 되며, 조금 전의 -15와는 다른 값이 됩니다.
정리하면 일차 함수 $y = ax + b$에서의 변화 비율은 항상 기울기 a와 같지만, $y = ax^2$에서는 x의 값이 무엇에서 무엇으로 변하는가에 따라 변화 비율은 달라집니다.
그러므로 **예제2** 해답과 같이 그때 그때의 변화 비율을 계산하여 구할 필요가 있습니다.

일차 함수와 $y = ax^2$의 변화 비율의 차이를 알아 두세요.

44 확률이란?

확률은 $\dfrac{\text{어떤 일이 일어나는 것이 몇 가지 유형이 있는가}}{\text{모두 몇 가지 유형이 있는가}}$ 임을 알아 두자!

1 확률이란?

확률은 오른쪽의 식으로 나타낼 수 있습니다.

$$확률 = \dfrac{\text{어떤 일이 일어나는 것이 몇 가지 유형이 있는가}}{\text{모두 몇 가지 유형이 있는가}}$$

예제 1 주사위 1개를 던졌을 때 홀수가 나올 확률을 구하세요.

해답 주사위를 던지면 1~6까지 모두 6가지 유형이 나올 수 있습니다.

한편, 홀수가 나오는 것은 1, 3, 5의 3가지 유형입니다.

그러므로 확률은 다음과 같이 구할 수 있습니다.

$$확률 = \dfrac{\text{어떤 일이 일어나는 것이 몇 가지 유형이 있는가}}{\text{모두 몇 가지 유형이 있는가}} = \dfrac{3}{6} = \dfrac{1}{2}$$

답 $\dfrac{1}{2}$

연습문제 1

조커를 제외한 52장의 트럼프에서 1장을 뺄 때, 그 카드가 스페이드일 확률을 구하세요.

해답

52장의 트럼프에서 1장을 빼면 모두 52가지 유형이 나올 수 있습니다.

한편, 스페이드는 1~13까지 13장이 있으므로 13가지 유형이 나올 수 있습니다.

그러므로 확률은 오른쪽과 같이 구할 수 있습니다.

$$확률 = \dfrac{\text{어떤 일이 일어나는 것이 몇 가지 유형이 있는가}}{\text{모두 몇 가지 유형이 있는가}}$$
$$= \dfrac{13}{52} = \dfrac{1}{4}$$

답 $\dfrac{1}{4}$

2 트리맵을 그려서 확률을 구한다

'몇 가지 유형이 있는가?'를 알아보기 위해서 사용하는 나뭇가지 모양의 그림을 '트리맵'이라고 합니다. 트리맵을 사용하면 중복되거나 빠뜨리는 것 없이 몇 가지 유형인지 알아볼 수 있습니다. 트리맵을 그려서 확률을 구하는 문제를 풀어 보겠습니다.

예제 2 동전 2개를 던졌을 때 1개는 앞면, 1개는 뒷면이 나올 확률을 구하세요.

해답

2개의 동전을 동전 X와 동전 Y라고 합니다. 그리고 앞면과 뒷면을 트리맵으로 나타내면 다음과 같이 됩니다.

동전 X	동전 Y

앞 ─── 앞
　　　 뒤 ★
뒤 ─── 앞 ★
　　　 뒤

트리맵에서 나올 수 있는 것은 모두 4가지 유형입니다.

1개가 앞면, 1개가 뒷면이 나오는 것은 ★ 표를 붙인 2가지 유형입니다.

그러므로 확률은 다음과 같이 구할 수 있습니다.

$$\text{확률} = \frac{\text{어떤 일이 일어나는 것이 몇 가지 유형이 있는가}}{\text{모두 몇 가지 유형이 있는가}} = \frac{2}{4} = \frac{1}{2}$$

답 $\dfrac{1}{2}$

 이것이 핵심 포인트!

직감으로 답하지 말고 트리맵을 그려서 구하자!

예제 2 의 '2개의 동전을 던질 때 1개가 앞면, 1개가 뒷면이 나올 확률'을 구하는 문제에 대해서 직감으로 $\frac{1}{3}$ 이라고 답하는 학생이 있습니다. 이렇게 답하면 틀리는 이유는 앞면과 뒷면이 나오는 유형을 (앞면, 앞면) (앞면, 뒷면) (뒷면, 뒷면)으로 모두 3가지 유형이라고 생각하기 때문입니다.

그러나 예제 2 의 해답과 같이 트리맵을 그려 봄으로써 모두 4가지 유형이 나온다는 것을 알 수 있습니다. 그리고 그 중에서 2가지 유형이 해당되므로 $\frac{2}{4} = \frac{1}{2}$ 이라는 올바른 확률을 구할 수 있습니다. 이와 같이 확률 문제는 직감에 의존하지 말고 트리맵을 그려서 답을 구해야 합니다.

연습문제 2

동전 3개를 던졌을 때 2개는 앞면, 1개는 뒷면이 나올 확률을 구하세요.

해답

3개의 동전을 동전 X, 동전 Y, 동전 Z라고 합니다. 그리고 앞면과 뒷면이 나오는 유형을 트리맵으로 나타내면 다음과 같이 됩니다.

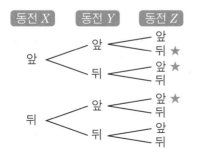

트리맵으로 보면 모두 8가지 유형이 있습니다.

한편 2개가 앞면, 1개가 뒷면이 나오는 것은 ★ 표를 붙인 3가지 유형입니다.

그러므로 확률은 다음과 같이 구할 수 있습니다.

$$\text{확률} = \frac{\text{어떤 일이 일어나는 것이 몇 가지 유형이 있는가}}{\text{모두 몇 가지 유형이 있는가}}$$

$$= \frac{3}{8}$$

답 $\dfrac{3}{8}$

45 주사위 2개를 던졌을 때의 확률

학습
포인트!

주사위를 던지는 문제는 표를 그려서 생각하자!

예제 큰 주사위와 작은 주사위 2개를 던졌을 때 나오는 수의 합이 11 이상이 될 확률을 구하세요.

해답

2개의 주사위를 던지는 문제에서는 다음과 같이 표를 그려서 생각해 보세요.

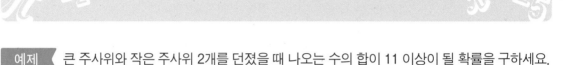

대＼소	1	2	3	4	5	6
1						
2						
3						
4						
5					○	← 합이 11
6				○	○	← 합이 12

왼쪽 표와 같이 대, 소 2개의 주사위를 던지면 모두 6×6=36가지 유형이 나옵니다.

한편 나오는 수의 합이 11 이상이 되는 것은 ○ 표시를 한 3가지 유형입니다.

그러므로 확률은 $\frac{3}{36}=\frac{1}{12}$ 입니다.

답 $\dfrac{1}{12}$

 이것이 핵심 포인트!

일어나지 않을 확률을 구하는 법은?

제비뽑기에는 '당첨'과 '꽝'이 있습니다. 가령 모두가 '당첨'인 제비에 대해서 생각해 봅시다. 3개의 제비가 있다고 할 때, 그 3개 모두가 '당첨 제비'라는 것입니다.

이 경우, 3개의 제비 중에서 어느 것을 뽑아도 반드시 당첨이 되기 때문에 당첨될 확률은 다음과 같이 구할 수 있습니다.

$$확률 = \frac{어떤\ 일이\ 일어나는\ 것이\ 몇\ 가지\ 유형이\ 있는가}{총\ 몇\ 가지\ 유형이\ 있는가} = \frac{3}{3} = 1$$

즉 '반드시 일어나는 확률은 1'이라는 것입니다.

이때 어떤 일 A가 일어나지 않을 확률에 대해서

(A가 일어나지 않을 확률) = 1 - (A가 일어날 확률)

이라는 공식이 성립합니다. 반드시 일어날 확률이 1이므로 이 공식이 성립하는 것입니다.

큰 주사위와 작은 주사위 2개를 던질 때, 다음을 계산하세요.

(1) 같은 수가 나올 확률을 구하세요.

(2) 다른 수가 나올 확률을 구하세요.

(3) 나온 수의 곱이 6이 되는 확률을 구하세요.

해답

(1) 표를 그려서 생각합니다.

대 소	1	2	3	4	5	6
1	○					
2		○				
3			○			
4				○		
5					○	
6						○

왼쪽 표에서 대·소 2개 주사위의 수가 나오는 것은 모두 36가지 유형입니다.
그리고 같은 수가 나오는 것은 ○ 표시를 한 6가지 유형입니다.

그러므로 같은 수가 나오는 확률은 $\frac{6}{36} = \frac{1}{6}$ 입니다.

답 $\frac{1}{6}$

(2) 다른 수가 나오는 확률은 (1)에서 '같은 수가 나오는 확률'을 빼면 구할 수 있습니다.
왼쪽의 🔔 **이것이 핵심 포인트!** 를 참고하세요.

(다른 수가 나올 확률) = 1 - (같은 수가 나올 확률)

$$= 1 - \frac{1}{6} = \frac{5}{6}$$

답 $\frac{5}{6}$

(3) 표를 그려서 생각합니다.

대 소	1	2	3	4	5	6
1						○
2			○			
3		○				
4						
5						
6	○					

왼쪽 표에서 나오는 수의 곱이 6이 되는 것은 ○표를 한 4가지 유형입니다.

그러므로 나오는 수의 곱이 6이 되는 확률은 $\frac{4}{36} = \frac{1}{9}$ 입니다.

답 $\frac{1}{9}$

46 부채꼴의 호의 길이와 넓이

학습 포인트!

부채꼴의 공식은 $\dfrac{중심각}{360}$ 을 곱한다!

1 부채꼴이란?

원주상의 일부분을 '호'라고 합니다. 그리고 **호**와 **두 반지름**에 의해 이루어진 도형을 '부채꼴'이라고 합니다.

부채꼴에서 두 반지름이 만드는 각을 '중심각'이라고 합니다.

2 부채꼴의 호의 길이와 넓이를 구하는 법

초등수학에서는 원주율로 3.14를 사용하는 경우가 많은데, 중학수학에서는 원주율을 π(파이)라는 문자로 나타냅니다.

부채꼴의 공식 외우는 법

암기 공식은 $\dfrac{중심각}{360}$ 을 곱한다!

부채꼴의 호의 길이와 넓이는 다음 공식으로 구하면 쉽습니다.

각 원주의 길이와 원의 넓이에 $\dfrac{중심각}{360}$ 을 곱한다!

※〈원주의 길이 = 지름 × π = 반지름 × 2 × π〉이므로, 여기에서는 〈원주의 길이 = 반지름 × 2 × π〉를 사용합니다.

- 부채꼴의 호의 길이 = 반지름 × 2 × π × $\dfrac{중심각}{360}$

  (원주의 길이) 에 $\dfrac{중심각}{360}$ 을 곱한다!

- 부채꼴의 넓이 = 지름 × 반지름 × π × $\dfrac{중심각}{360}$

  (원의 넓이) 에 $\dfrac{중심각}{360}$ 을 곱한다!

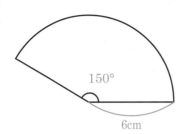

왼쪽 부채꼴의 호의 길이와 넓이를 각각 구하세요.

해답

반지름이 6cm, 중심각이 150°이므로,
이것을 공식에 넣어서 계산합니다.
먼저 호의 길이를 구하세요.

부채꼴의 호의 길이

$$= 반지름 \times 2 \times \pi \times \frac{중심각}{360}$$

$$= 6 \times 2 \times \pi \times \frac{150}{360}$$

$$= 6 \times 2 \times \pi \times \frac{5}{12}$$

$$= 5\pi \ (\text{cm})$$

다음으로, 넓이를 구하세요.

부채꼴의 넓이

$$= 반지름 \times 반지름 \times \pi \times \frac{중심각}{360}$$

$$= 6 \times 6 \times \pi \times \frac{150}{360}$$

$$= 6 \times 6 \times \pi \times \frac{5}{12}$$

$$= 15\pi \ (\text{cm}^2)$$

답   호의 길이 **5πcm**, 넓이 **15πcm²**

이것이 핵심 포인트!

**부채꼴의 넓이를 구하는
또 하나의 공식은?**

부채꼴의 넓이를 구하는 공식은 또 하나 있습니다. 그것은 바로 다음 공식입니다.

부채꼴의 넓이 $= \frac{1}{2} \times$ 호의 길이 $\times$ 반지름

이 공식을 알고 있으면 오른쪽과 같은 문제를 간단하게 풀 수 있습니다.

[**예**] 다음 부채꼴의 넓이를 구하세요.

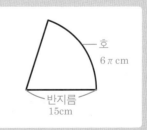

풀이법

부채꼴의 넓이 $= \frac{1}{2} \times$ 호의 길이 $\times$ 반지름
$$= \frac{1}{2} \times 6\pi \times 15 = 45\pi(\text{cm}^2)$$

47 맞꼭지각, 동위각, 엇각

학습
포인트!

두 직선이 평행일 때 {
• 동위각은 같다
• 엇각은 같다

1 맞꼭지각이란?

두 직선이 교차할 때 생기는 마주보는 각을 '맞꼭지각'이라고
합니다.

그리고 맞꼭지각은 같다는 성질이 있습니다.

오른쪽 그림에서 $\angle a$와 $\angle c$는 맞꼭지각이므로 같습니다.

또한 $\angle b$와 $\angle d$도 맞꼭지각이므로 같습니다.

※ 중학수학에서는 각을 $\angle$ 기호로 나타냅니다.

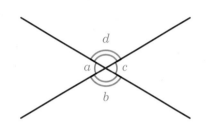

2 동위각과 엇각

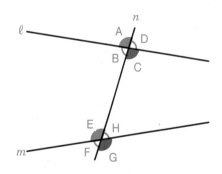

왼쪽 그림에서 두 직선 ℓ, m에 직선 n이 교차하고 있습니다.
이때 $\angle A$와 $\angle E$, $\angle B$와 $\angle F$, $\angle C$와 $\angle G$, $\angle D$와 $\angle H$와 같은
위치에 있는 각을 '동위각'이라고 합니다.

또한 $\angle B$와 $\angle H$, $\angle C$와 $\angle E$와 같은 위치에 있는 각을 '엇각'
이라고 합니다.

직선 ℓ과 직선 m이 평행일 때 기호 //을 사용하여 $\ell /\!/ m$으로 표시합니다.

$\ell /\!/ m$일 때 다음이 성립됩니다.

① 동위각은 같다.

② 엇각은 같다.

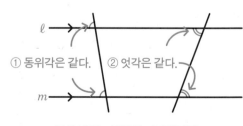

① 동위각은 같다.   ② 엇각은 같다.

※화살표는 평행을 나타냅니다.

이것이 핵심 포인트!

엇각은 4종류로 나눌 수 있다!

중학생을 지도하다 보면, 어떤 각과 어떤 각이 엇각이 되는지 헷갈려 하는 학생이 꽤 있습니다. 그렇기 때문에 저는 엇각을 다음 4종류로 나누어서 가르쳤습니다. 이와 같이 엇각을 4종류로 나누어 가르쳐 보니 학생들이 쉽게 이해하였습니다. 따라서 여러분도 이 방법으로 공부할 것을 권합니다.

예제 오른쪽 그림에서 $\ell /\!/ m$일 때, $\angle a \sim \angle e$ 의 크기를 구하세요.

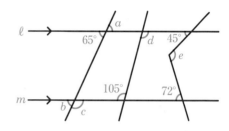

해답

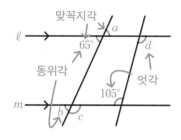

$65°$의 각과 $\angle a$는 맞꼭지각이므로 같습니다. 따라서 $\angle a = 65°$

$65°$의 각과 $\angle b$는 동위각이고, 두 직선이 평행할 때 동위각은 같으므로 $\angle b = 65°$

직선의 각은 $180°$이므로 $180°$에서 $65°(\angle b)$를 빼면 $\angle c$의 크기를 구할 수 있습니다. 그러므로 $\angle c = 180° - 65° = 115°$

$105°$의 각과 $\angle d$는 엇각이고, 두 직선이 평행할 때 엇각은 같으므로 $\angle d = 105°$

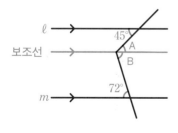

$\angle e$의 크기를 구하기 위해서 왼쪽과 같이 직선 ℓ, m에 평행한 보조선을 긋고 $\angle e$를 $\angle A$와 $\angle B$로 나눕니다. 보조선은 문제를 풀기 위해서 새로 그리는 선을 말합니다.

그러면 $45°$의 각과 $\angle A$는 엇각이 되며, $72°$의 각과 $\angle B$는 엇각이 됩니다.

두 직선이 평행일 때, 엇각은 같으므로 $\angle A = 45°$, $\angle B = 72°$가 됩니다.

그러므로 $\angle e = \angle A + \angle B = 45° + 72° = 117°$

답 $\angle a = 65°$, $\angle b = 65°$, $\angle c = 115°$, $\angle d = 105°$, $\angle e = 117°$

PART
12

평면도형 ① : 넓이와 각도

48 다각형의 내각과 외각

학습
포인트! **다음 두 가지를 알아 두자!**
n각형의 내각의 합 = $180° \times (n - 2)$
다각형의 외각의 합은 $360°$

1 다각형의 내각

다각형은 삼각형, 사각형, 오각형… 등과 같이 직선으로 둘러싸인 도형을 말합니다.

다각형의 내각에 대해서 살펴보겠습니다.

내각은 다각형의 내측의 각을 말합니다.

삼각형의 내각의 합은 $180°$이고,

사각형의 내각의 합은 $360°$입니다.

다각형의 내각의 합은 오른쪽 공식으로 구할 수 있습니다.

내각의 합은
$180°$

내각의 합은
$360°$

n 각형의 내각의 합 = $180° \times (n - 2)$

예제 다음 도형에서 $\angle x$ 의 크기를 구하세요.

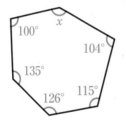

해답

이 도형은 육각형입니다.

n 각형의 내각의 합 = $180° \times (n - 2)$ 의 공식에서

육각형의 내각의 합 = $180° \times (6 - 2) = 720°$

$720°$에서 $\angle x$ 이외의 5개 내각의 합을 빼면

$\angle x = 720° - (100° + 135° + 126° + 115° + 104°)$

$= 720° - 580° = \mathbf{140°}$

🖐 연습문제 1

정팔각형 중 하나의 내각의 크기는 몇 도일까요?

해답

n각형의 내각의 합 = $180° \times (n - 2)$의 공식에서

팔각형의 내각의 합 = $180° \times (8 - 2) = 1080°$

정팔각형의 내각의 합은 모두 같으므로 $1080°$를 8로 나누면, 1개 내각의 크기를 구할 수 있습니다.

$1080° \div 8 = 135°$

2 다각형의 외각

다각형의 한 변과 다른 변의 연장선이 이루는 각을 '외각'이라고 합니다.
다각형에서는 오른쪽과 같이 1개의 정점에 대해서 2개의 외각이 있습니다. 또한 2개의 외각은 맞꼭지각이므로 크기는 같습니다.

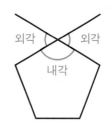

다각형의 외각의 합은 360°가 된다는 성질이 있습니다.

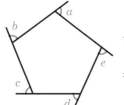

$$\underbrace{\angle a + \angle b + \angle c + \angle d + \angle e}_{\text{외각의 합}}$$
$$= 360°$$

이것이 핵심 포인트!

다각형의 외각의 합은 360°의 의미를 올바르게 이해하자!
다각형의 외각은 1개의 정점에 대해서 2개씩 있습니다. 그러나 다각형의 외각의 합은 360°라는 것은 1개의 정점에 대해서 1개씩의 외각의 합이 360°라는 것입니다.
즉 **그림 1** 에서 $\angle a \sim \angle e$의 외각의 합은 360°입니다. **그림 2** 에서는 1개의 정점에 대해서 외각이 2개씩 있으므로 $\angle A \sim \angle J$ 의 합은 360×2 = 720°가 됩니다.
다각형의 외각의 합은 360°의 의미를 정확히 알아 두세요.

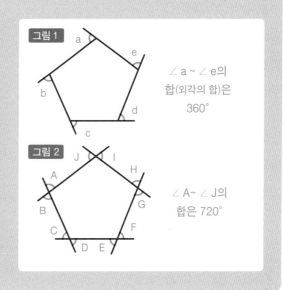

그림 1

$\angle a \sim \angle e$의 합(외각의 합)은 360°

그림 2

$\angle A \sim \angle J$의 합은 720°

연습문제 2

다음 그림에서 $\angle a$ 의 크기를 구하세요.

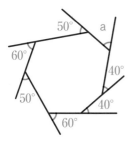

해답

다각형의 외각의 합은 360°입니다. 그러므로 360°에서 $\angle a$ 이외의 6개 외각의 합을 빼면 $\angle a$의 크기를 구할 수 있습니다.
$\angle a = 360° - (50° + 60° + 50° + 60° + 40° + 40°)$
$\quad = 360° - 300° = \underline{60°}$

49 삼각형의 합동 조건

학습 포인트!

삼각형의 3가지 합동 조건을 알아 두자!

1 합동이란?

두 도형을 포개었을 때 완전히 겹쳐지는 경우를 '합동'이라고 합니다. 다시 말해서 **형태도 크기도 같은 도형**이 합동 도형입니다.

삼각형 ABC는 $\triangle ABC$로 표시합니다. 또한 $\triangle ABC$와 $\triangle DEF$가 합동일 때 기호 ≡ 를 사용하여 $\triangle ABC \equiv \triangle DEF$ 로 표시합니다.

합동인 도형에서 완전히 겹쳐지는 점, 변, 각을 각각 '대응하는 점', '대응하는 변', '대응하는 각'이라고 합니다.

그리고 합동인 도형의 대응하는 변의 길이와 각의 크기는 같다는 성질이 있습니다.

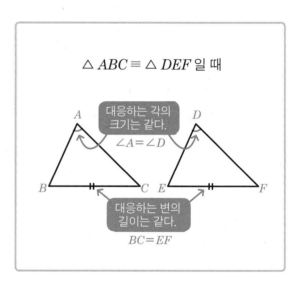

$\triangle ABC \equiv \triangle DEF$ 일 때

대응하는 각의 크기는 같다.
$\angle A = \angle D$

대응하는 변의 길이는 같다.
$BC = EF$

2 삼각형의 합동 조건

다음 3가지 합동 조건 중 하나가 성립할 때, 두 삼각형은 합동이라고 할 수 있습니다.

삼각형의 합동 조건

① 대응하는 세 변의 길이가 각각 같다.

② 대응하는 두 변의 길이가 같고, 그 끼인각이 같다.

끼인각

③ 대응하는 한 변의 길이가 같고, 그 양 끝 각이 같다.

양 끝 각

예제

다음 그림에서 합동인 삼각형을 모두 찾아 기호 ≡ 를 사용하여 답하세요.

또한 그때 사용한 합동 조건을 말하세요.

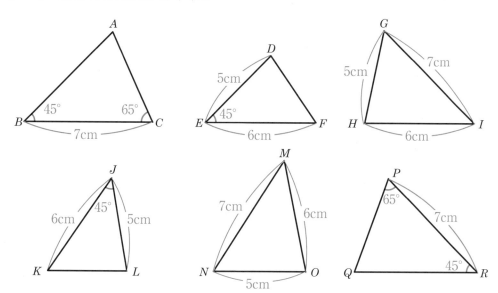

해답

△ABC 와 △QRP 에 대해서

$BC = RP$, ∠B = ∠R, ∠C = ∠P 이며, 대응하는 한 변과 그 양 끝 각이 각각 같으므로

△ABC ≡ △QRP

△DEF와 △LJK 에 대해서

$DE = LJ$, $EF = JK$, ∠E = ∠J 이며, 대응하는 두 변과 그 끼인각이 각각 같으므로

△DEF ≡ △LJK

△GHI와 △NOM 에 대해서

$GH = NO$, $HI = OM$, $IG = MN$ 이며 대응하는 세 변이 각각 같으므로

△GHI ≡ △NOM

 이것이 핵심 포인트!

대응하는 순으로 쓰자!

예제 에서 예를 들면 △ABC와 △QRP에 있어서 ∠A와 ∠Q, ∠B와 ∠R, ∠C와 ∠P는 각각 대응하고(완전히 겹쳐지고) 있습니다. 그러므로 대응하는 순으로 △ABC≡△QRP 라고 써야 합니다. 이것을 △ABC≡△RPQ 와 같이 대응하는 순으로 쓰지 않았을 경우, 시험에서 감점 또는 오답으로 처리될 수 있습니다.

변과 각을 표기할 때도 대응하는 순으로 쓰도록 합니다.

PART
13

평면도
형 ②
· ·
증명문
제와
도형의
성질

50 삼각형의 합동을 증명하기

학습 포인트!

증명의 흐름을 알아 두자!

1 가정, 결론, 증명이란?

'○○○라면 □□□'라는 형태에서 ○○○ 부분을 **가정**, □□□ 부분을 **결론**이라고 합니다.

바꿔 말하면 문제 문장에서 이미 알고 있는 것이 **가정**이고, 밝히고 싶은 것이 **결론**입니다.

그리고 **가정**을 바탕으로 논리적으로 **결론**을 도출하는 것을 '**증명**'이라고 합니다.

2 삼각형의 합동을 증명하는 문제

예제

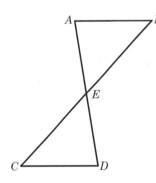

왼쪽 그림에서 $AB // CD$, $EB = EC$ 일 때 다음 질문에 답하세요.

(1) $\triangle AEB \equiv \triangle DEC$ 임을 증명하세요.

(2) $EA = ED$ 임을 증명하세요.

해답

(1) $\triangle AEB$ 와 $\triangle DEC$ 에 있어서 ← 처음에 어떤 삼각형의 합동을 증명할 것인지를 쓴다.

가정에서 $EB = EC$ ……① ← 가정(문제 문장에서 이미 알고 있는 사실)을 쓴다.

맞꼭지각은 같으므로 $\angle AEB = \angle DEC$ ……②

$AB // CD$ 에서 평행선의 엇각은 같으므로 각을 나타내는 법은 오른쪽의 ⚡ 이것이 핵심 포인트! 를 참조

$\angle EBA = \angle ECD$ ……③

①, ②, ③에서   <u>대응하는 변과 그 양 끝 각이 각각 같으므로</u>

↖ 삼각형의 합동 조건을 쓴다.

$\triangle AEB \equiv \triangle DEC$

↖ 결론을 쓰고 증명 종료

(2) (1)에서 $\triangle AEB \equiv \triangle DEC$

합동 도형의 대응하는 변의 길이는 같으므로 $EA = ED$

※ 합동 도형의 대응하는 변의 길이는 같다는 것은 104쪽에서 배운 성질입니다.

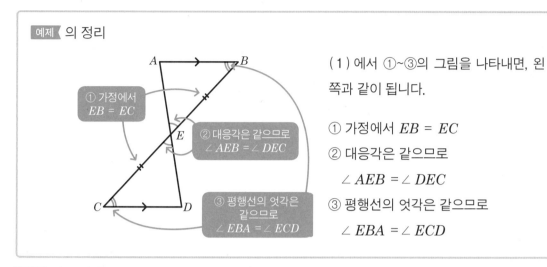

예제 의 정리

(1)에서 ①~③의 그림을 나타내면, 왼쪽과 같이 됩니다.

① 가정에서 $EB = EC$
② 대응각은 같으므로
   $\angle AEB = \angle DEC$
③ 평행선의 엇각은 같으므로
   $\angle EBA = \angle ECD$

① 가정에서
$EB = EC$

② 대응각은 같으므로
$\angle AEB = \angle DEC$

③ 평행선의 엇각은 같으므로
$\angle EBA = \angle ECD$

예제 의 풀이법을 이해했다면 해답을 가리고 혼자 힘으로 풀어 보세요.

이것이 핵심 포인트!

각의 표시법에 주의하자!

그림1 에서 ※ 표시의 각을 $\angle O$로 나타내는 것은 이미 배웠습니다.
또한 ※ 표시의 각을 $\angle AOB$ 또는 $\angle BOA$와 같이 3개의 알파벳을 사용하여 나타내는 경우도 있습니다.

다음으로, 그림2 를 봐 주세요.
그림2 에서 $\angle O$ 라고 나타내면 각 A를 나타내는 건지, 각 B를 나타내는지, 아니면 A와 B를 나타내는 것인지 확실히 알 수 없습니다.
그렇기 때문에 그림2 와 같은 경우에는 3개의 알파벳을 사용하여 나타냅니다.
예를 들어 A 각이라면 $\angle AOC$, B 각이라면 $\angle COB$와 같이 나타내면 됩니다.

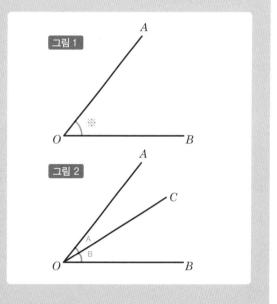

51 평행사변형의 성질과 증명 문제

학습
포인트!

평행사변형의 3가지 성질을 알아 두자!

사각형의 마주보는 변을 '대변'이라고 합니다.

사각형의 마주보는 각을 '대각'이라고 합니다.

대응하는 두 대변이 각각 평행한 사각형을 '평행사변형'이라
고 합니다.

평행사변형

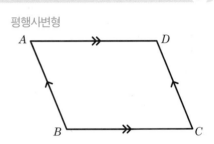

평행사변형에는 다음과 같은 3가지 성질이 있습니다.

평행사변형의 3가지 성질

① 두 쌍의 대변의 길이가 같다.

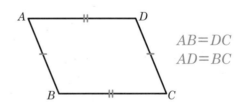

$AB = DC$
$AD = BC$

② 두 쌍의 대각의 크기가 같다.

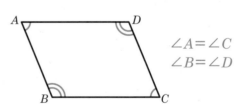

$\angle A = \angle C$
$\angle B = \angle D$

③ 대각선은 각각의 중점에서 교차한다.

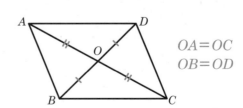

$OA = OC$
$OB = OD$

정의란? 정리란?

중학수학을 배우다 보면 '정의'와 '정리'라는 용어가 나옵니다. 이 두 가지 용어의 의미는 혼동하기 쉬우므로 확실히 정리해 두어야 합니다.

정의 · 정리의 올바른 의미

정의…용어의 의미를 확실히 설명한 것
정리…정의를 바탕으로 하여 증명된 사실
이것으로 의미를 이해하기 어렵다면, 다음과 같이 알아 두면 좋습니다.

정의…사전에 실려 있는 의미
정리…성질
예를 들어 사전에서 '평행사변형'을 찾아보면 '두 쌍의 대변이 각각 평행한 사각형'이라는 의미가 실려 있습니다. 이것이 평행사변형의 정의입니다.
또한 왼쪽에서 소개한 평행사변형의 3가지 성질이 평행사변형의 정리가 됩니다.
이와 같이 알아 두면 '정의와 정리'라는 용어를 쉽게 이해할 수 있습니다.

예제

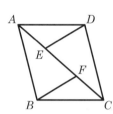

왼쪽 그림과 같이 평행사변형 $ABCD$의 대각선 AC 위에 $AE = CF$가 되도록 두 점 E, F를 찍습니다. 이때 $DE = BF$가 되는 것을 증명하세요.

해답

$\triangle AED$ 와 $\triangle CFB$ 에 있어서 ← 처음에 어떤 삼각형의 합동을 증명할 것인지를 쓴다.

가정에서　$AE = CF$　……① ← 가정(문제 문장에서 이미 알고 있는 사실)을 쓴다.

평행사변형의 대변은 같으므로　$AD = CB$　……② ← 평행사변형의 정리(성질)

평행사변형의 대변은 평행하므로　$AD // CB$ ← 평행사변형의 정의(의미)

평행선의 엇각은 같으므로

$\angle DAE = \angle BCF$　……③

①, ②, ③에서　두 쌍의 변과 그 끼인각이 각각 같으므로

$\triangle AED \equiv \triangle CFB$ ← 삼각형의 합동 조건을 쓴다.

합동 도형의 대응하는 변의 길이는 같으므로

$DE = BF$ ← 결론을 쓰고 증명 종료

예제 의 정리

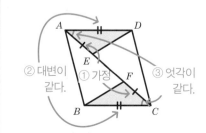

예제 의 ①~③을 그림으로 나타내면 다음과 같이 됩니다.

풀이법을 이해했다면 해답을 가리고 혼자 힘으로 풀어 보세요.

② 대변이 같다.
① 가정
③ 엇각이 같다.

52 닮은꼴이란?

닮은꼴 도형에서는 {
• 대응하는 변의 길이의 비는 모두 같다
• 대응하는 각의 크기는 각각 같다

한 도형을 일정한 비율로 확대(또는 축소)한 도형을 원래 도형의 '닮은꼴'이라고 합니다.

다시 말하면 형태는 같지만 크기가 다른 도형이 닮은꼴 도형입니다.

그림1 에서 △ABC의 모든 변의 길이를 2배 한 것이 △DEF입니다.

그림1 에서 △ABC와 △DEF는 닮은꼴입니다. 그리고 △ABC와 △DEF는 닮은꼴이라는 것을 기호 ∽를 사용하여 △ABC∽△DEF로 나타냅니다.

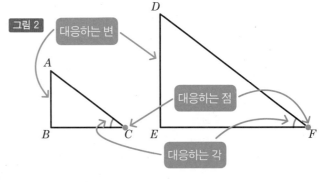

그림1

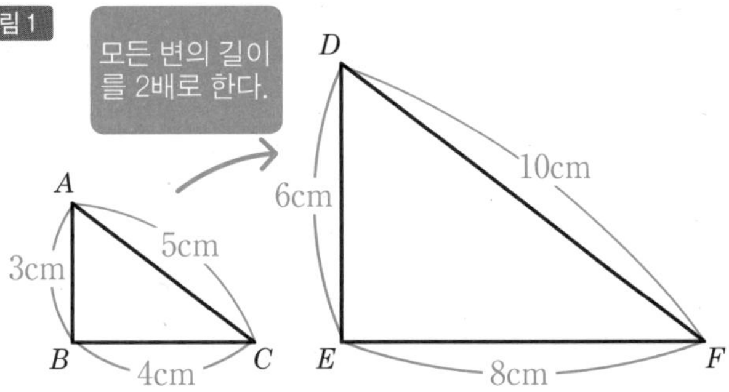

모든 변의 길이를 2배로 한다.

2개의 닮은꼴 도형에서 한쪽의 도형을 확대(또는 축소)하여 또 하나의 완전히 겹쳐지는 점, 변, 각을 각각 '대응하는 점, 대응하는 변, 대응하는 각'이라고 합니다.

(그림2 를 참조)

그림2

대응하는 변
대응하는 점
대응하는 각

닮은꼴 도형에서 대응하는 변의 길이의 비를 '닮음비'라고 합니다.

그림1 에서 예를 들면, 변 AB에 대응하는 것은 변 DE입니다.

△ABC와 △DEF에서 대응하는 변의 길이의 비(닮음비)는 다음과 같이 모두 1 : 2가 됩니다.

변 AB : 변 DE = 3cm : 6cm = 1 : 2

변 BC : 변 EF = 4cm : 8cm = 1 : 2

변 CA : 변 FD = 5cm : 10cm = 1 : 2

이와 같이 닮은꼴 도형에서는 대응하는 변의 길이의 비(닮음비)는 모두 같다는 성질이 있습니다.

또한 닮은꼴 도형에서는 대응하는 각의 크기는 각각 같다는 성질도 있습니다.

비례식의 내항의 곱과 외항의 곱은 같다!

$A : B = C : D$와 같이 비가 같다는 것을 나타내는 식을 '비례식'이라고 합니다.

비례식의 내측인 B와 C를 '내항'이라고 하며, 외측인 A와 D를 '외항'이라고 합니다.

$$\overset{\text{외항}}{A : \underset{\text{내항}}{B = C} : D}$$

비례식에는 내항의 곱과 외항의 곱이 같다는 성질이 있습니다.

예를 들어 '$4 : 3 = 8 : 6$'이라는 비례식으로 확인해 보면, 오른쪽과 같이 내항의 곱과 외항의 곱은 같다는 사실을 알 수 있습니다.

외항의 곱은 $4 \times 6 = \boxed{24}$

$$4 : 3 = 8 : 6 \qquad \text{같음}$$

내항의 곱은 $3 \times 8 = \boxed{24}$

즉 다음 공식이 성립합니다.

$$A : B = C : D$$
라면
$$\underset{\text{내항의 곱}}{BC} = \underset{\text{외항의 곱}}{AD}$$

다음 **연습문제** 와 같이 닮은꼴 도형의 변의 길이를 구하는 문제에서 이러한 비의 성질을 사용하여 풀 수 있습니다.

연습문제

오른쪽 그림에서 $\triangle ABC \backsim \triangle DEF$ 일 때, 다음 문제에 답하세요.

(1) $\triangle ABC$와 $\triangle DEF$의 닮음비를 구하세요.

(2) 변 DE 의 길이를 구하세요.

(3) 각 A 의 크기를 구하세요.

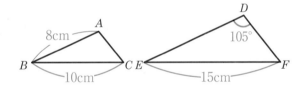

해답

(1) 닮음비는 대응하는 변의 길이의 비를 말합니다. 변 BC(10cm)에 대응하는 변이 변 EF(15cm)이므로 닮음비는 $10 : 15 = 2 : 3$

(2) 닮은꼴 도형에서는 대응하는 변의 길의의 비(닮음비)는 모두 같으므로

$$\overset{AB}{\underset{\downarrow}{8}} : DE = \overset{\text{닮음비}}{2 : 3}$$

내항의 곱과 외항의 곱은 같으므로

$$\underset{\text{내항의 곱}}{DE \times 2} = \underset{\text{외항의 곱}}{8 \times 3}$$

DE $= 24 \div 2 = 12$cm

(3) 닮은꼴 도형에서는 대응하는 각의 크기는 각각 같습니다.

각 A에 대응하는 것은 각 D($= 105°$) **입니다.**

그러므로 각 A의 크기는 $105°$

53 삼각형의 닮은꼴 조건

학습
포인트!

삼각형의 3가지 닮은꼴 조건을 알아 두자!

다음 3가지 닮은꼴 조건 중 하나가 성립할 때, 두 삼각형은 닮은꼴이라고 할 수 있습니다.

삼각형의 닮은꼴 조건

① 대응하는 세 변의 비가 모두 같다.
→ $a : d = b : e = c : f$

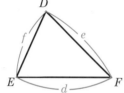

② 대응하는 두 변의 비와 그 끼인각이 각각 같다.
→ $a : d = c : f$와 $\angle B = \angle E$

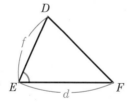

③ 대응하는 두 각이 각각 같다.
→ $\angle B = \angle E$와 $\angle C = \angle F$

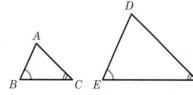

 이것이 핵심 포인트!

삼각형의 합동 조건과 닮은꼴 조건의 차이점을 알아 두자!

삼각형의 합동 조건과 닮은꼴 조건은 비슷한 부분이 있습니다. 그래서 그 차이점을 알아 두는 것은 중요합니다. 특히 세 번째 조건은 크게 다르므로 그 차이를 정확하게 구별해야 합니다.

삼각형의 합동 조건

① 대응하는 세 변이 각각 같다.
② 대응하는 두 변과 그 끼인각이 각각 같다.
③ 대응하는 한 변과 그 양 끝 각이 각각 같다.

삼각형의 닮은꼴 조건

① 대응하는 세 변의 비가 모두 같다.
② 대응하는 두 변의 비와 그 끼인각이 각각 같다.
③ 대응하는 두 각이 각각 같다.

다음 그림에서 닮은꼴 삼각형을 모두 답하세요. 또한 그때 사용한 닮은꼴 조건을 말하세요.

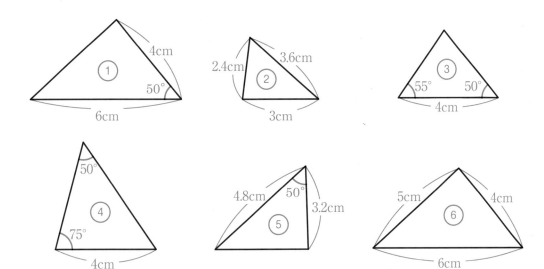

해답

①과 ⑤의 대응하는 두 변의 비는

4 : 3.2 = 6 : 4.8(= 5 : 4)로,

그 끼인각은 모두 50°입니다.

①과 ⑤는 <u>대응하는 두 변의 비와 그 끼인각이 각각 같으므로</u> 닮은꼴입니다.

②와 ⑥의 대응하는 세 변의 비는

2.4 : 4 = 3 : 5 = 3.6 : 6 입니다.

②와 ⑥은 <u>대응하는 세 변의 비가 모두 같으므로</u> 닮은꼴입니다.

③과 ④의 내각은 55°, 50°, 75°입니다.

(삼각형의 내각의 합은 180°이므로, 180°에서 두 각의 합을 빼면 남은 각의 크기를 구할 수 있습니다.)

③과 ④는 <u>대응하는 두 각이 각각 같으므로</u> 닮은꼴입니다.

답　　①과 ⑤ (대응하는 두 변의 비와 그 끼인각이 각각 같다.)

　　　②와 ⑥ (대응하는 세 변의 비가 같다.)

　　　③과 ④ (대응하는 두 각이 각각 같다.)

54 피타고라스의 정리

피타고라스의 정리는 $a^2 + b^2 = c^2$ 이라는 것을 알아 두자!

1 피타고라스의 정리란?

한 각이 직각인 삼각형을
'직각 삼각형'이라고 합니다.
직각 삼각형에서 직각과 마주 보고 있는 변을
'빗변'이라고 합니다.

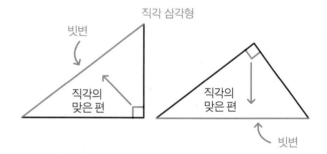

피타고라스의 정리

직각 삼각형의 직각을 낀 두 변의 길이를 a, b, 빗변의
길이를 c 라고 합니다. 이때, 다음 관계가 성립하는데 이
것을 '피타고라스의 정리'라고 합니다.

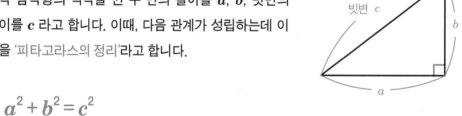

$$a^2 + b^2 = c^2$$

👆 연습문제 1

다음 그림에서 x 의 값을 각각 구하세요.

(1)

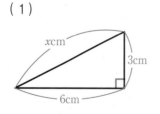

(2)

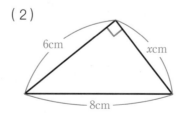

(1) $x$cm의 변이 빗변입니다.

피타고라스의 정리에 의해 $3^2 + 6^2 = x^2$

$x^2 = 9 + 36 = 45$

$x > 0$

$x = \sqrt{45} = 3\sqrt{5}$

$\Big\}$ $x = \pm\sqrt{45}$
x는 변의 길이 양수

(2) 8cm의 변이 빗변입니다.

피타고라스의 정리에 의해 $6^2 + x^2 = 8^2$

$x^2 = 64 - 36 = 28$

$x > 0$

$x = \sqrt{28} = 2\sqrt{7}$

$\Big\}$ $x = \pm\sqrt{28}$
x는 변의 길이 양수

2 피타고라스의 정리와 삼각자

2종류의 삼각자가 있습니다. 하나는 세 각의 크기가 30°, 60°, 90°인 직각 삼각형이고, 다른 하나는 45°, 45°, 90°인 직각 이등변삼각형입니다.

이들 두 삼각자의 변의 비는 오른쪽과 같습니다.

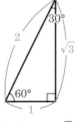

세 변의 비는 $1 : 2 : \sqrt{3}$　　세 변의 비는 $1 : 1 : \sqrt{2}$

 이것이 핵심 포인트!

2종류의 삼각자에서 세 변의 비를 암기하자!

중학수학에서는 2종류의 삼각자에서 세 변의 비가 각각 $1 : 2 : \sqrt{3}$ 과 $1 : 1 : \sqrt{2}$ 라는 것을 암기해 둘 필요가 있습니다. 왜냐하면 다음 연습문제2 와 같이 변의 비를 암기해 두지 않으면 풀 수 없는 문제가 출제되기 때문입니다.

🖐 연습문제 2

오른쪽 그림에서 x의 값을 각각 구하세요.

(1)
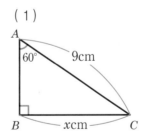

(2)
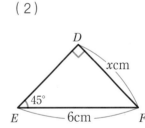

(1) 각의 크기가 30°, 60°, 90°인 직각 삼각형이므로
세 변의 비는 $1 : 2 : \sqrt{3}$ 입니다.

AC : BC $= 9 : x = 2 : \sqrt{3}$

내항의 곱과 외항의 곱은 같으므로

$2x = 9\sqrt{3}$

$x = \dfrac{9\sqrt{3}}{2}$

(2) 각의 크기가 45°, 45°, 90°인 직각 삼각형이므로
세 변의 비는 $1 : 1 : \sqrt{2}$ 입니다.

DF : EF $= x : 6 = 1 : \sqrt{2}$

내항의 곱과 외항의 곱은 같으므로

$\sqrt{2} \times x = 6$

$x = \dfrac{6}{\sqrt{2}} = \dfrac{6\sqrt{2}}{2} = 3\sqrt{2}$

55 원주각의 정리

학습
포인트!

한 호에 대한 **원주각**의 크기는
- **일정(동일)하다**
- **그 호에 대한 중심각의 반(1/2)이다**

원주상의 일부분을 '호'라고 합니다. 오른쪽 그림에서 원주의 일부인
파란 부분을 '호 AB'라고 하고, $\widehat{AB}$ 로 표시합니다.
그리고 원주상의 두 점을 연결하는 선분을 '현'이라고 합니다.

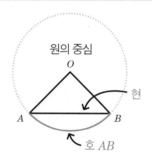

오른쪽 그림과 같이 원주상에 3개의 점 A, B, P를 찍었을 때,
$\angle APB$를 $\widehat{AB}$ 에 대한 '원주각'이라고 합니다.
그리고 원의 중심 O, 점 A, 점 B를 연결해서 만들 수 있는 $\angle AOB$를
'중심각'이라고 합니다.

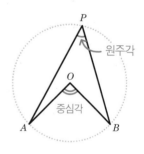

원주각에는 다음과 같은 2가지 정리가 있습니다.

원주각의 정리

① 한 호에 대한 원주각의 크기는
일정(동일)하다.

② 한 호에 대한 원주각의 크기는
그 호에 대한 중심각의 반(1/2)이다.

[예]

$\angle x = \angle y = \angle z$

원주각의 크기는
일정(동일)하다.

1개의 호

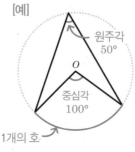

[예]

원주각
50°

중심각
100°

1개의 호

예를 들어
중심각이 100°
일 때,
원주각은 절반
인(1/2) 50°가
된다.

다음 그림에서 $\angle a \sim \angle d$ 의 크기를 구하세요. 점 O 는 원의 중심이라고 합니다.

(1)

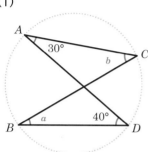

(2)

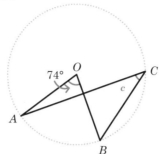

(3)

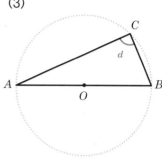

해답

(1) $\angle a$ 와 $\angle CAD(=30°)$ 는 모두 $\overset{\frown}{CD}$ 에 대한 원주각입니다.
1개 호에 대한 원주각의 크기는 일정하므로
$$\angle a = \angle CAD = 30°$$

$\angle b$ 와 $\angle ADB(=40°)$ 는 모두 $\overset{\frown}{AB}$ 에 대한 원주각입니다.
1개 호에 대한 원주각의 크기는 일정하므로
$$\angle b = \angle ADB = 40°$$

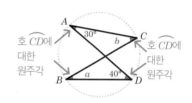

(2) $\angle c$ 는 $\overset{\frown}{AB}$ 에 대한 원주각이고, $\angle AOB(=74°)$ 는 $\overset{\frown}{AB}$ 에 대한 중심각입니다.
1개 호에 대한 원주각의 크기는 그 호에 대한 중심각의 절반(1/2)이므로
$$\angle c = \angle AOB \div 2 = 74° \div 2 = 37°$$

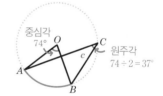

(3) $\angle AOB$ 는 $\overset{\frown}{AB}$ 에 대한 중심각으로, 직선이 만드는 각이므로 180° 입니다. 그리고 $\angle d$ 는 $\overset{\frown}{AB}$ 에 대한 원주각입니다.
1개 호에 대한 원주각의 크기는 그 호에 대한 중심각의 절반(1/2)이므로
$$\angle d = \angle AOB \div 2 = 180° \div 2 = 90°$$

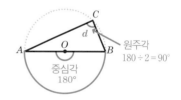

 이것이 핵심 포인트!

반원의 호에 대한 원주각은 반드시 직각이 된다!

연습문제 (3)에서 반원의 호 AB에 대한 원주각 $\angle d$ 는 90°(직각)가 되었습니다.
오른쪽 그림과 같이 반원의 호에 대한 원주각은 반드시 직각이 된다는 것을 알아 두세요.

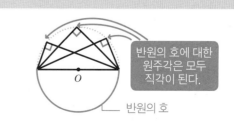

반원의 호에 대한 원주각은 모두 직각이 된다.

반원의 호

56 기둥체의 겉넓이

학습
포인트! **각기둥과 원기둥의 겉넓이는 '옆넓이 + 밑넓이 × 2'로 구할 수 있다는 것을 알아 두자!**

초등수학에서는 각기둥과 원기둥의 부피를 구하는 법에 대해서 배웠습니다.

중학수학에서는 각기둥과 원기둥의 겉넓이를 구하는 법에 대해서 배웁니다.

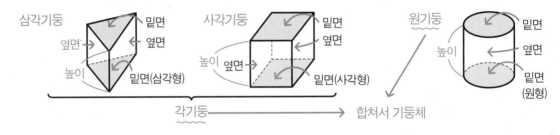

위 3개 중에서 왼쪽 2개와 같은 입체를 '각기둥', 오른쪽 끝의 입체를 '원기둥'이라고 합니다.

그리고 이들 입체를 합쳐서 '기둥체'라고 합니다.

기둥체에 대해서 다음 용어의 의미를 알아 둡시다.

밑면…위, 아래로 마주보는 두 면

밑넓이… 1 개 밑면의 넓이

옆면…각기둥에서는 둘레의 직사각형(또는 정사각형). 원기둥에서는 둘레의 곡면

옆넓이…옆면 전체의 넓이

겉넓이(표면적)…입체의 모든 면의 넓이를 더한 것

기둥체(각기둥과 원기둥)의 겉넓이는 모두 오른쪽 공식으로 구할 수 있습니다.

> 각기둥의 겉넓이 = 옆넓이 + 밑넓이 × 2

또한 입체의 겉넓이는 그 입체의 전개도(입체의 표면을 가위 등으로 잘라 평면으로 펼친 그림)의 넓이와 같습니다.

예제 다음 입체의 겉넓이를 구하세요.

(1)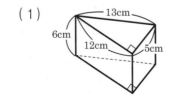

(2)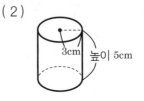

(1) 이 입체는 삼각기둥입니다. 이 삼각기둥의 전개도는 그림1 과 같이 됩니다.

그림1

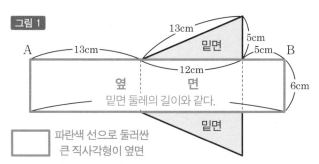

이 전개도의 넓이를 구하면 겉넓이를 구할 수 있습니다.

먼저 옆넓이(옆면 직사각형 넓이)를 구하세요.

옆면 직사각형의 가로(그림의 AB) 길이와 밑면 둘레의 길이는 같습니다.

□ 파란색 선으로 둘러싼 큰 직사각형이 옆면

그러므로 옆넓이는 $6 \times (13 + 12 + 5) = 180(cm^2)$
높이 × 밑면의 둘레 길이

밑넓이는 $12 \times 5 \div 2 = 30(cm^2)$

그러므로 겉넓이는 $180 + 30 \times 2 = 240(cm^2)$
옆넓이 + 밑넓이 × 2

답 **240cm^2**

(2) 이 입체는 원기둥입니다. 이 원기둥의 전개도는 그림2 와 같이 됩니다.

그림2

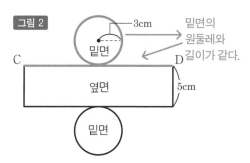

이 전개도의 넓이를 구하면 겉넓이를 구할 수 있습니다.

먼저 옆넓이(옆면 직사각형 넓이)를 구하세요.

옆면 직사각형을 빙 둘러서 밑면의 원에 붙이면 원기둥이 됩니다.

그러므로 옆면 직사각형의 가로(그림의 CD) 길이와 밑면 원둘레의 길이가 같다는 것을 알 수 있습니다.

그러므로 옆넓이는 $5 \times (3 \times 2 \times \pi) = 30\pi(cm^2)$
높이 × 밑면의 원 둘레의 길이

밑넓이는 $3 \times 3 \times \pi = 9\pi(cm^2)$

그러므로 겉넓이는 $30\pi + 9\pi \times 2 = 48\pi(cm^2)$
옆넓이 + 밑넓이 × 2

답 **48πcm^2**

 이것이 핵심 포인트!

기둥체의 옆넓이는 '높이 × 밑면의 둘레 길이'로 구할 수 있다!

예제 (1)의 삼각기둥의 옆넓이와 (2)의 원기둥의 옆넓이를 구할 때 기둥체의 옆넓이=높이 × 밑면의 둘레 길이'라는 식을 사용했습니다. 각기둥과 원기둥의 옆넓이를 구할 때도 도움이 되므로 알아 두면 좋습니다.

PART
14
입체도형

57 뿔체와 구의 부피와 겉넓이 1

학습 포인트!

각뿔과 원뿔의 부피는 $\frac{1}{3}$ × 밑넓이 × 높이로 구하자!

각뿔과 원뿔의 겉넓이는 옆넓이 + 밑넓이로 구하자!

1 뿔체의 부피를 구하는 법

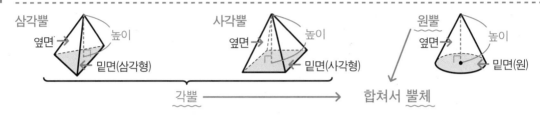

위 3가지 중에서 왼쪽 2개와 같은 입체를 '각뿔', 맨 오른쪽과 같은 입체를 '원뿔'이라고 합니다. 그리고 이들 입체를 합쳐서 '뿔체'라고 합니다. 뿔체는 뾰족한 부분이 있는 것이 특징입니다.

뿔체(각뿔과 원뿔)의 부피는 오른쪽 공식으로 구할 수 있습니다.

> 뿔체의 부피 = $\frac{1}{3}$ × 밑넓이 × 높이

 이것이 핵심 포인트!

$\frac{1}{3}$ 을 곱하는 것을 잊지 말자!

뿔체의 부피를 구할 때 $\frac{1}{3}$ 을 곱하는 것을 놓치는 부주의한 실수를 하지 않도록 주의하세요.

기둥체의 부피를 구할 때는 $\frac{1}{3}$ 을 곱하지 않습니다.

하지만 뿔체의 부피를 구할 때는 $\frac{1}{3}$ 을 곱한다는 것을 알아 두세요.

> 기둥체의 부피 = 밑넓이 × 높이   뿔체의 부피 = $\frac{1}{3}$ × 밑넓이 × 높이

✍ 연습문제 1

오른쪽 입체의 부피를 구하세요.

(1) 밑면은 1변 5cm의 정사각형

높이 6cm
5cm
5cm

(2)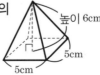

높이 3cm
2cm

해답

(1) 각뿔의 부피 = $\frac{1}{3}$ × 밑넓이 × 높이이므로

$$\frac{1}{3} \times \underset{\substack{\uparrow \\ \text{밑넓이}}}{5 \times 5} \times \underset{\substack{\uparrow \\ \text{높이}}}{6} = 50 \text{cm}^3$$

$\frac{1}{3}$ ×

(2) 원뿔의 부피 = $\frac{1}{3}$ × 밑넓이 × 높이 이므로

$$\frac{1}{3} \times \underset{\substack{\uparrow \\ \text{밑넓이}}}{2 \times 2 \times \pi} \times \underset{\substack{\uparrow \\ \text{높이}}}{3} = 4\pi \text{cm}^3$$

$\frac{1}{3}$ ×

2 뿔체의 겉넓이를 구하는 법

뿔체(각뿔과 원뿔)의 겉넓이는 다음 공식으로 구할 수 있습니다.

> 뿔체의 겉넓이 = 옆넓이 + 밑넓이

원뿔의 겉넓이를 구하는 방법을 예를 들어 설명하겠습니다.
오른쪽 그림 1 의 원뿔의 겉넓이를 구해 보겠습니다.

그림 1

모선 5cm

반지름 2cm

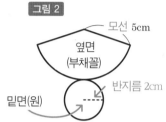

그림 2

모선 5cm

옆면
(부채꼴)

반지름 2cm

밑면(원)

그림 1 의 원뿔의 5cm 부분을 '모선'이라고 합니다.
원뿔의 전개도는 그림 2 와 같이 됩니다.

그림 2 와 같이 원뿔의 전개도는 옆면이 부채꼴, 밑면이 원이라는 것을 알아 두세요.

먼저 이 원뿔의 옆넓이(옆면 부채꼴 넓이)부터 구합니다.
원뿔의 옆넓이는 다음 공식으로 구할 수 있습니다.

원뿔의 옆넓이를 구하는 공식

$$\text{원뿔의 옆넓이} = \underline{\text{모선}} \times \underline{\text{반지름}} \times \underline{\pi}$$

이 공식에서 그림 1 의 원뿔의 **옆넓이**(옆면 부채꼴의 넓이)는

$$\underset{\text{모선}}{5} \times \underset{\times \text{반지름}}{2} \times \underset{\times \pi}{\pi} = 10\pi(\text{cm}^2)$$

그림 1 의 원뿔 밑면의 반지름은 2cm이므로 **밑넓이**(밑면 원의 넓이)는

$$2 \times 2 \times \pi = 4\pi(\text{cm}^2)$$

그러므로 그림 1 의 원뿔의 겉넓이는 $\underset{\text{옆넓이}}{10\pi} + \underset{\text{밑넓이}}{4\pi} = \underset{\sim\sim\sim\sim}{14\pi \text{cm}^2}$

※ 다음 단원에서 뿔체의 겉넓이를 구하는 연습을 해보세요.

PART

14

입체도형

58 뿔체와 구의 부피, 겉넓이 2

학습
포인트!

구의 부피와 겉넓이를 구하는 공식을 암기해 두자!

3 뿔체의 겉넓이를 구하는 연습

뿔체(각뿔과 원뿔)의 겉넓이를 구하는 연습을 해보세요.

✋ 연습문제 2

오른쪽 입체의 겉넓　　(1) 밑면의 1변이 5cm인
이를 구하세요.　　　　　　정사각형으로, 옆면
　　　　　　　　　　　　　의 4개 삼각형은 합동

(2)

해답

(1) 이 입체는 사각뿔입니다.

이 사각뿔의 옆면은 합동인 4개의 삼각형(밑변은 5cm, 높이는 8cm)으로 이루어져 있습니다.

이 사각뿔의 밑면은 1 개 변이 5cm인 정사각형입니다.

따라서 이 사각형의 겉넓이는 다음과 같이 구할 수 있습니다.

$$\underbrace{\overbrace{5 \times 8 \div 2 \times 4}^{\text{삼각형의 넓이}}}_{\text{옆넓이}} + \underbrace{5 \times 5}_{\text{밑넓이}} = 80 + 25 = 105\text{cm}^2$$

(2) 이 입체는 원뿔입니다.

'원뿔의 옆넓이 = 모선 × 반지름 × π'이므로　　밑넓이는　$7 \times 7 \times \pi = 49\pi\text{cm}^2$

이 원뿔의 옆넓이는　　　　　　　　　　　　　　따라서 겉넓이는

$$\underbrace{10 \ \times \ 7 \ \times \ \pi}_{\text{모선} \times \text{반지름} \times \pi} = 70\pi\text{cm}^2 \qquad \underbrace{70\pi \ + \ 49\pi}_{\text{옆넓이} + \text{밑넓이}} = 119\pi\text{cm}^2$$

4 구의 부피와 겉넓이를 구하는 법

다음과 같은 입체를 '구'라고 합니다.

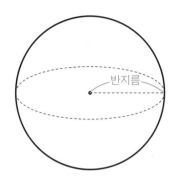

반지름

구의 부피와 겉넓이는 다음 공식으로 구할 수 있습니다.

> **구의 부피와 겉넓이를 구하는 공식**
>
> 반지름을 r 이라고 하면
> $$구의\ 부피 = \frac{4}{3}\pi r^3$$
> $$구의\ 겉넓이 = 4\pi r^2$$

✍ 연습문제 3

다음 구의 부피와 겉넓이를 구하세요.

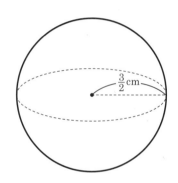

$\frac{3}{2}$ cm

해답

이 구의 반지름은 $\frac{3}{2}$ cm입니다.

반지름을 r 이라고 하면 구의 부피는 $= \frac{4}{3}\pi r^3$ 이므로, 이 구의 겉넓이는

$$\frac{4}{3} \times \pi \times \left(\frac{3}{2}\right)^3 = \frac{\overset{1}{\cancel{4}}}{\underset{1}{\cancel{3}}} \times \pi \times \frac{\overset{1}{\cancel{3}}}{2} \times \frac{3}{\underset{1}{\cancel{2}}} \times \frac{3}{2}$$

$$= \frac{9}{2}\pi cm^3$$

반지름을 r 이라고 하면 구의 겉넓이 $= 4\pi r^2$ 이므로, 이 구의 겉넓이는

$$4 \times \pi \times \left(\frac{3}{2}\right)^2 = \overset{1}{\cancel{4}} \times \pi \times \frac{3}{\underset{1}{\cancel{2}}} \times \frac{3}{\underset{1}{\cancel{2}}}$$

$$= 9\pi cm^2$$

용어 색인

CHUGAKKOU3NENKAN NO SUGAKU GA 1SATSU DE SHIKKARIWAKARU HON by Takuya Kosugi
Copyright © Takuya Kosugi, 2016
All rights reserved.
Original Japanese edition published by KANKI PUBLISHING INC.
Korean translation copyright © 2018 by forbook
This Korean edition published by arrangement with KANKI PUBLISHING INC., Tokyo, through HonnoKizuna, Inc., Tokyo, and BC Agency

프로 수학강사의 비법 노트
중학수학 핵심 개념 58가지

2018년 8월 1일 초판 1쇄 발행

지은이 고스기 다쿠야
옮긴이 김치영

펴낸이 김우연 · 계명훈
편집 손일수
마케팅 함송이
경영 지원 이보혜
디자인 계순림
인쇄 RHK홀딩스

펴낸 곳 for book
주소 서울시 마포구 공덕동 105-219 정화빌딩 3층
출판 등록 2005년 8월 5일 제2-4209호
판매 문의 02-753-2700(에디터)

값 12,000원
ISBN 979-11-5900-042-3 (13410)